青少年科普图书馆

图说生物世界

我们的生活不能没有植物

——人与植物

侯书议 主编

上海科学普及出版社

图书在版编目(CIP)数据

我们的生活不能没有植物 : 人与植物 / 侯书议主编. —上海 : 上海科学普及出版社, 2013.4 (2022.6重印)

(图说生物世界)

ISBN 978-7-5427-5601-5

Ⅰ. ①我… Ⅱ. ①侯… Ⅲ. ①植物—关系—人类—青年读物②植物—关系—人类—少年读物 Ⅳ. ①Q948.12-49

中国版本图书馆CIP数据核字(2012)第271766号

责任编辑 李 蕾
助理编辑 郭 赟

图说生物世界

我们的生活不能没有植物——人与植物

侯书议 主编

上海科学普及出版社

(上海中山北路832号 邮编 200070)

http://www.pspsh.com

各地新华书店经销 三河市祥达印刷包装有限公司印刷

开本 787×1092 1/12 印张 12 字数 86 000

2013年4月第1版 2022年6月第3次印刷

ISBN 978-7-5427-5601-5 定价:35.00元

奇妙科普馆

编 委 会

前言

人类对于植物家族的依赖可能会超乎你的想象，从人类的每一次呼吸，到我们餐桌上的美食佳肴；从装点时尚世界的服装霓裳，到美化人们生活环境的花花草草，人们无时无刻不在接受着植物世界默默的馈赠。

可以毫不夸张地说，人类的历史几乎就是一部利用、开发植物资源的历史。在人类起源之前，植物家族的成员就在地球这个蛮荒之地扎根发芽并把绿色撒满了各个角落，为动物世界包括我们人类提供了赖以生存的最基本条件——氧气。

在漫长的发展岁月中，人类学会了利用植物来丰富自己的衣食住行，从茹毛饮血的生猛“大餐”，进化到花样翻新、食不厌细的精美食物；从衣不蔽体近似动物，发展到懂得穿戴，从植物中提取绚丽的织布染料；从择穴而居，到伐木建屋遮风避雨……人类的生活在植物的奉献中富足、安逸起来。

不仅如此，人们利用植物的方式还深刻地改变着社会发展的轨迹。种植农作物，让人类远离了温饱难保的游猎时代踏入农耕文明，

人们对于亿万年前由蕨类植物的遗体演变而成的煤炭的利用,使人类跨入了工业文明时代。汽车的广泛应用大大提高了整个人类社会的运转效率，因此，现代社会又被称为“车轮上的文明”,作为驱动汽车的能源,石油也是植物家族留给人类的一份厚礼啊。

目录

衣：五彩服装从哪里来

食:舌尖上的植物

住:植物营造的家

行：离了植物，寸步难行

用：随处可见的植物

你懂植物语言吗

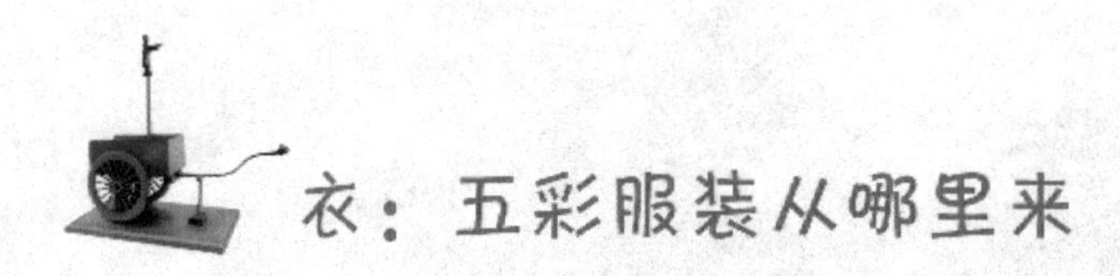

衣：五彩服装从哪里来

关键词：草裙部落、树皮衣、亚麻、棉花、丝、化纤

导　读：当远古人类还未完全进化到今天的文明社会时，那些远古的人类是怎样穿衣服的呢？要是穿衣服，穿的又是什么衣服呢？《圣经·创世纪》上说，接受上帝安排住在伊甸园中的亚当和夏娃受到蛇妖的蛊惑，偷吃了善恶树上的善恶果，起先不以裸体而感到羞耻的人，遂知羞耻，便以无花果叶遮挡身体。

现在大家穿的衣服是不是都很漂亮?不光有各式各样的色彩、款式,还会印有不同的花色和图案。

可是,你们知道我们的衣服是怎么来的吗?

五彩斑斓的色彩是从哪来的?

各式各样的图案又是从哪来的?

告诉你吧,其实,它们都和植物有着千丝万缕的联系,现在就让我们共同走进神秘而五彩缤纷的植物世界,去探个究竟吧!

草裙部落——原始的衣着

当远古人类还未完全进化到文明社会时，他们穿衣服吗？要是穿衣服，穿的又是什么衣服呢？《圣经·创世纪》上说，接受上帝安排住在伊甸园中的亚当和夏娃受到蛇的蛊惑，偷吃了善恶树上的善恶果，起先不以裸体感到羞耻，开始知道了羞耻，便以无花果叶遮挡身体。

这一神话传说似乎有着史前人类遗址为证，那些描绘人类史前遗址的壁画、雕塑，原始人也都是赤脚光膀、腰缠树叶的形象。当然一些信史中也都明言远古人类“穿树叶”的历史。

事实上，无论是西方或者东方人种，在远古时代，都曾经有过这样的经历，拿草叶编织成遮身蔽体的衣服。起初，远古人类穿上草叶编织的衣服，主要起到保暖、防晒以及保护身体不受伤害的作用。随着人类文明的进步，服饰才有审美取向这一更高含义。当人类不再时刻为基本生存而斗争时，注意力开始转向衣着和饰品上，接着就出现了用贝壳、兽骨做的项链，用兽皮做的衣服等等，而这些看似和植物没什么关系的东西，其实和植物都有着不可分割的联系。这些项链、衣服都是用柔韧的植物纤维串联在一起的。

可以说，无论是使用植物枝叶做成衣服，保护身体，还是采摘植物或植物的果实，用以果腹充饥等，都与植物结下了不解之缘。从这个层面上而言，从远古时期，植物就和人类的生活融为一体了。

人类早期服饰的活化石——树皮衣

在云南民族博物馆少数民族服饰陈列厅里有一套颇具民族特色的树皮服饰，它呈米黄色，款式简单大方，看上去十分结实。这套衣服来自西双版纳傣族自治州勐腊县的克木人手中，保存得十分完好。这件衣服在 20 世纪 50 年代还普遍流行于克木人所生活的地区。

你是不是十分好奇，树皮衣又有着怎样的历史？树皮是怎么做成衣服的呢？我们一起来探究一下吧。

在内地的纺织技术传到古时的西双版纳以前，当地的傣族、哈尼族和基诺族等民族还都用树皮制作的服饰来遮蔽身体。树皮既不舒服，也不能抵御寒冷。用纺织技术制作的服饰就不一样了，穿上去十分暖和，还有防潮的作用。

到 19 世纪 50 年代，还有很多村寨中依然流行着树皮衣。是什么使得树皮衣会如此地深入人心呢？这和当地人居住的地理位置和他们的适应性有着密不可分的关系。在树皮衣比较流行的地方，一般都是些偏远封闭的亚热带丛林地区。那里的人大多过着原始的狩

猎生活，当他们有了足够的食物之后，就开始想通过穿戴一些东西来保护自己的身体。在那些原始的森林中，树皮和树叶是随处可见的，他们会选择一些质地柔软且耐用的树皮和树叶，经过粗糙的加工之后，穿戴在自己的身上。

聪明的克木人常常喜欢用构树皮来制作树皮衣。为什么会选择构树皮呢？这和构树自身的结构有关。构树生长在云南的热带山区，属于落叶乔木，树高可达 16 米。最关键的是，构树皮由很多的长纤维构成，使其具有很好的韧性。

都说“人活一张脸，树活一张皮”，如果树没有了树皮，它就会死去。如果从构树身上将它的皮剥下，它会不会死呢？如果为了一件衣服，必须死一棵树，那有多少树够做衣服的呢？其实这些担心都是没有必要的，因为，即便将树皮从构树身上剥下来，对构树的生命造成

不了任何威胁。

不过，也不是说剥树皮对构树一点也不受伤害，所以当地人一般都会选择在每年的七八月份才会剥皮，因为在这两个月份里，构树的生长最旺盛，它的新陈代谢也达到最快，能够重新长出树皮。

树皮剥下来之后，就是制作树皮衣了。如何才能制作一件样式比较好看的树皮衣呢？克木人自有一套办法。他们首先会把树皮放进水中浸泡 20 天左右，经过浸泡的树皮会变得更加柔软，然后将

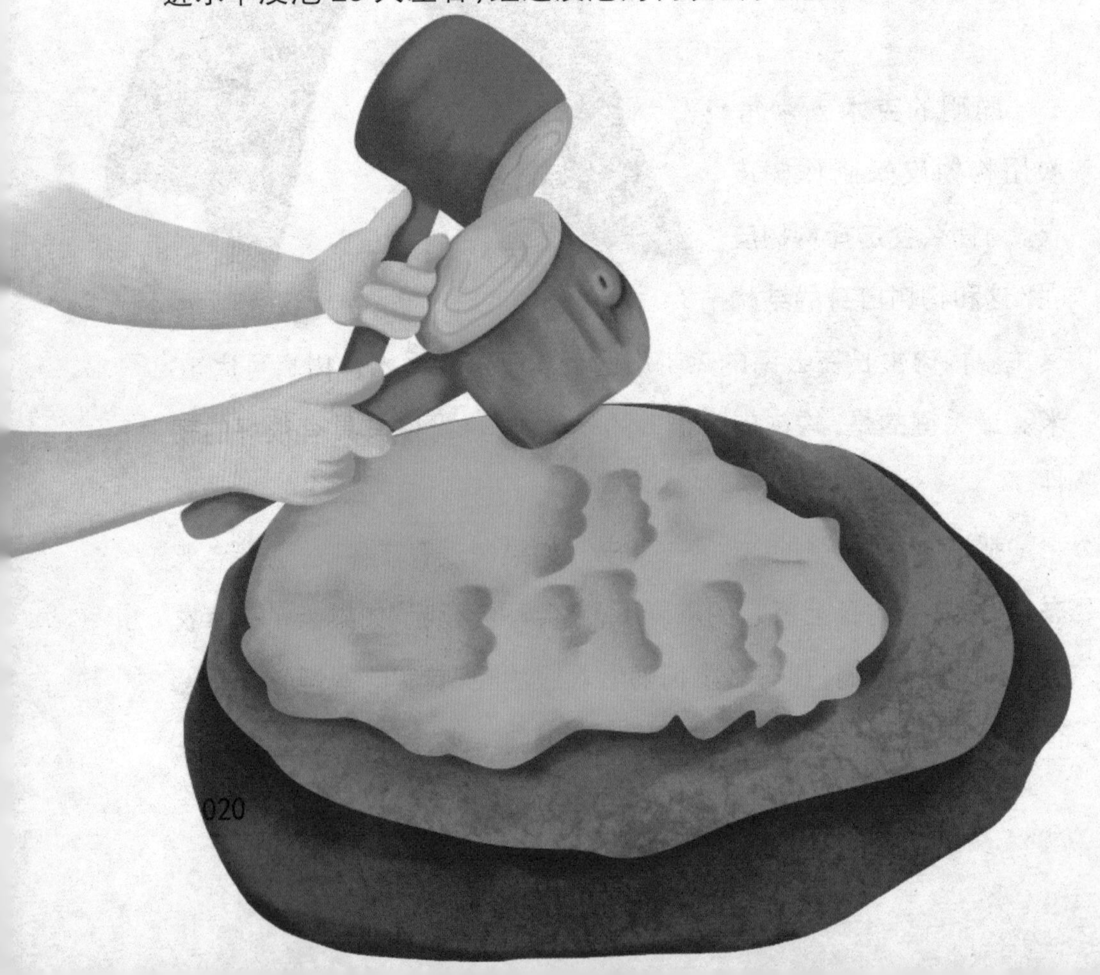

它们拿到湖边进行捶打，并将树皮里面的一些杂质用水清洗干净，最后只剩下了那些洁白如雪的植物纤维了。接下来，将它们拿到太阳下晒干，再经过一些简单的缝制，一件树皮衣便制作而成了。当克木人穿着树皮衣穿梭在森林当中的时候，就不会担心一些植物的刺勾会伤害到自己的身体。

构树皮不但可以拿来做衣服，而且还可以拿来制作被子和枕头，在夜晚睡觉的时候不但不会着凉，还很舒适。

通过克木人用树皮制作衣服，可以得知人类与植物之间有着多么密切的关系。

随着社会工业的发展，人类文明的进步，树皮衣已经被淹没在历史的尘埃当中。但是，树皮衣所蕴藏的深厚文化内涵和民俗底蕴却永远不会消失——它代表了当时居民的生活环境、生产力的发展程度和当时的工艺技术水平，为我们研究当时的社会历史、风俗民情等提供了一本活生生的“教材”。

作为古老而传统的树皮衣的制作工艺，如今面临着失传的危险。由于散落在丛林中的偏远落后的村寨和外界交流逐渐频繁，很多先进的工业品进入其间，导致树皮衣逐渐被其他服装所代替。当人们发现会制作树皮衣的人越来越少时，才逐渐意识到要保护好树皮衣的制作工艺，并把它延续下去是一件多么重要的事。

人类最早的衣料——亚麻

你知道人类的祖先最早穿的是什么布料的衣服吗?你知道古代埃及人制作木乃伊时用的是什么布吗? 告诉你吧,用的都是亚麻。

让我们一起来走进亚麻的世界,了解一下它到底有什么神奇的功效吧。

在距今有 5000 多年的新石器时代,古代的埃及就已经开始利用亚麻的纤维制作衣料了。在埃及发现的木乃伊当中,有很多就是用亚麻布包裹着。

亚麻属于被子植物门双子叶植物纲蔷薇亚纲亚麻属的一种一年生草本植物,其茎直立,茎高在 30~120 厘米之间,上部有分枝。叶互生,无叶柄;亚麻的花呈漏斗形或碟形,其花色也多种多样,有的是蓝色,有的是紫色,有的是白色,也有的是粉红色;亚麻的种子呈扁卵形,前端像鸟嘴一样,种子表面平滑有光泽,有的种子呈黄褐色,有的种子则呈白色。

对于亚麻的分类各国不一,我国主要采用亚麻的用途对其进行命名,计 3 种:纤维用亚麻、油用亚麻、油纤两用亚麻。

纤维用亚麻，株高在 60～120 厘米间，其茎杆细而直立，基部很少有分枝，上部有少数分枝，其特点是花序较小，种子也小，并且单株蒴果数量少，堪称“两小一少”。但是，这并不影响人们在纤维用亚麻中提取纤维，因为其植株高达，其纤维含量也就异常丰富。

油用亚麻要比纤维用亚麻的个头小很多，它的株高在 30～60 厘米，其茎杆粗壮，茎基部分的分枝多，梢部分枝更多，花序较大，单株蒴果数量较多。这就为其榨油提供了原材料，但它的个头小，不易从中提取纤维。

油纤两用亚麻的植株高度、茎杆粗细以及蒴果数量等，则介于纤维用亚麻和油用亚麻两者之间，这就为其既能提取纤维，又能榨油提供了充足的依据。

纤维用亚麻主要分布在欧洲和亚洲地区。据 1985 年统计的纤维用亚麻世界栽培面积来看，其排名依次前苏联、波兰、法国、罗马尼亚、捷克斯洛伐克、比利时、荷兰等国家。

亚麻的经济价值很高，从亚麻中提取的亚麻纤维堪称是世界上最古老的纺织纤维了。

提起亚麻纤维，我们不得不从服饰面料说起。

近年来，各式各样的新奇衣服让人眼花缭乱。人们开始怀念那些自然风格的服装了，而堪称纤维中皇后的“亚麻纤维品”正适合了

人们的这种需求。它们作为一种被遗忘的服饰制品再一次走入了人们的生活。由于亚麻产量不高，且亚麻织品具有吸湿性好、保暖性强、抗拉力高和纤维柔软等优点，在人们印象中逐渐形成了“亚麻就代表高档”的观念。

其实，追根溯源，亚麻和蚕丝一样有着悠久的历史。

1810 年，法国人菲利普·热拉尔发明的湿纺细扩机，使人类纺织史上出现了第一次亚麻纺织业的兴盛时代。之后的一个多世纪里，虽然其他纤维纺织品在总量上远远超过亚麻，但亚麻在人类文明史上却留下了难以磨灭的印痕，成为一直影响着人们生活观念的传统产品。

在我国，亚麻还一直是百姓常用的衣料，这不光是时代的原因，还有一点很重要的原因是亚麻织品本身所包含的特殊功能。

亚麻的皮层纤维就像人类的皮肤一样具有保护身体的作用，同时，它们还可以调节人体温度。植物学家经过解剖发现，亚麻纤维是一种天然的束纤维，其优势是其他植物纤维无法比拟的。用亚麻纤维制作的衣服的吸水性、透气性和清爽性是人造丝织品和绸缎无法比拟的，它不但可以减少人体出汗，还能够降低人体的温度，使人感觉到凉爽，有“天然空调”之称。

植物学家发现，穿上亚麻制作的衣服会对中枢神经系统产生影

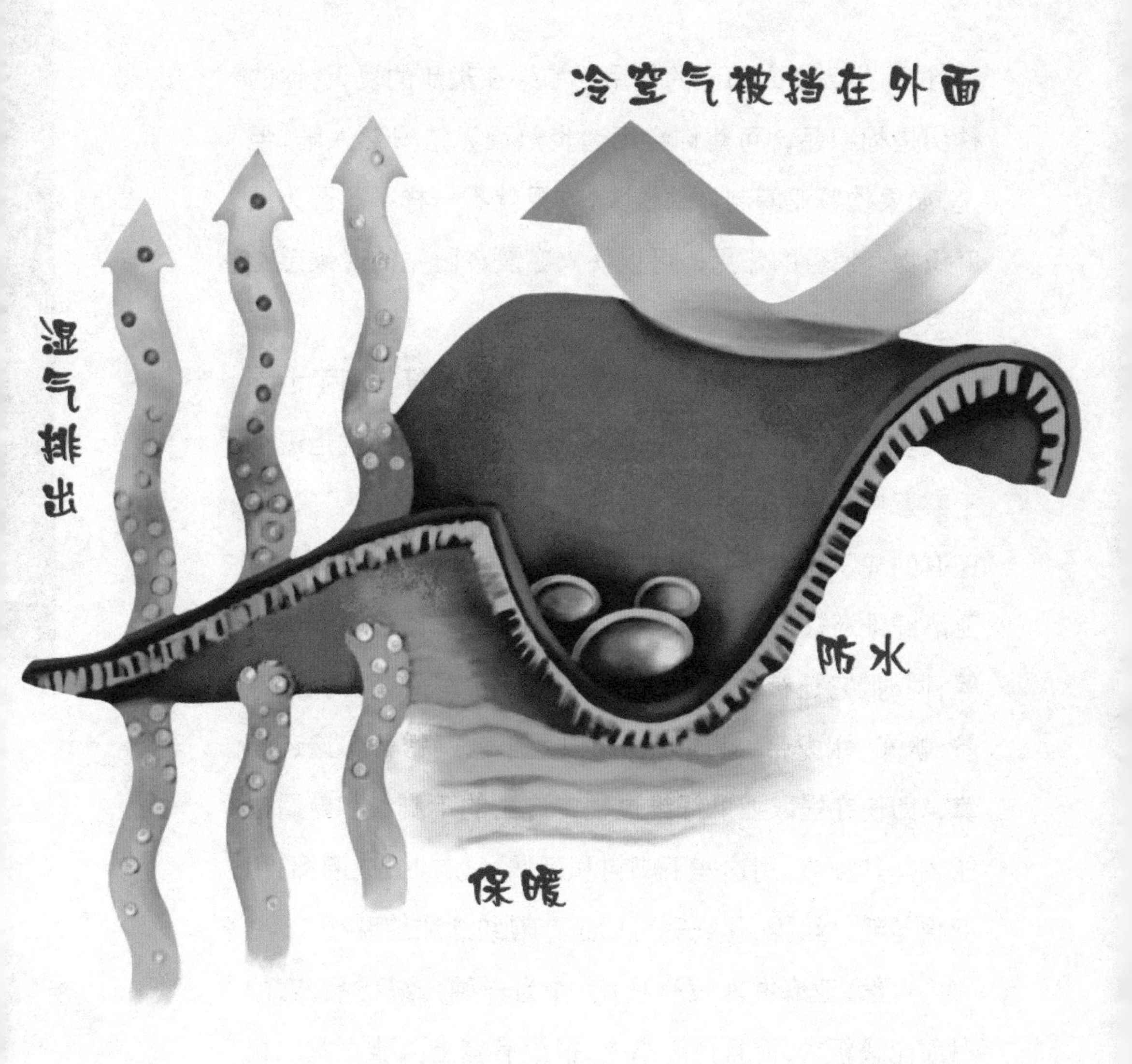

图为亚麻功能剖析图。亚麻有保暖、防水、排出湿气等作用。

响,进而起到使人镇静的作用。如果在炎热的夏天,你的枕头是棉织品，可能你会因为炎热而无法安然入睡,但是,如果枕着亚麻制作的枕头,效果就不一样了。因为亚麻织物有消暑的作用，可以使人在夏夜睡觉的时候感觉到凉爽。

亚麻还可以用来制作装饰品，而且已经得到了世界上大多数人的喜爱。如今,亚麻已经以不同的形式走进了千家万户:有的成了窗帘;有的成了桌布;有的成了床单;还有的成了枕巾;除了这些用亚麻纤维制作的物品之外,亚麻纤维还被广泛应用于制作汽车用品，比如亚麻坐垫等;同时,它还被广泛应用在飞机翼布、军用布、消防、宇航、帆布、水龙带、室内装饰布以及工艺刺锈等。这还不算，即使在提取亚麻纤维过程中产生的下脚料和麻屑也能发挥其预热,用这些下脚料和麻屑可以加工成麻棉,用麻棉与毛、丝、棉、化纤等可以生产混纺纱或纯麻纱。

当然,亚麻并非没有缺点,作为一种传统纺品,它的材质比较粗糙,而且色泽暗淡,很少有登上大雅之堂的机会。随着人们对亚麻工艺的探索,亚麻将会通过科学技术而改变这些缺点。

在织布机上跳舞——棉花

我们生活中最常见的服装就是棉织品，这些棉织品又是从何而来呢？它又经历了怎样的过程才变成我们身穿的衣料呢？我们就来看一下棉花是如何在织布机上“舞蹈”的吧。

现在，中国已经成为世界上重要的棉花产地，生产的棉花不仅能够满足国内需求，还能出口到其他国家。但是，棉花的原产地可不是中国哦。

早在公元前 5~4 世纪的印度河文明当中，就出现了种植棉花的现象。又过了四五百年后，摩尔人发现棉花的用处很大，开始大面积种植棉花。随后，棉花漂洋过海到了西班牙、英国以及其他国家。

棉花又是如何传到中国的呢？一般认为，有三条途径：

第一条是从印度、缅甸传入云南，再由云南逐渐传入内地；

第二条是东南亚等地的亚洲棉通过海上运输传到福建、两广等地；

第三条是西域的非洲棉经西亚传入新疆等地，再逐步传到内地。

总之，棉花的传入是逐渐从边疆地区向内陆扩展的。在汉代的时候，棉纺织品还是非常罕见珍贵的。随着大面积的种植，棉花产量的提高，普通老百姓也都可以穿上棉纺织品。从此以后，棉纺织品逐渐走进千家万户。到了元朝，政府开始鼓励农民大量种植棉花，当时的中国就已经成了产棉大国。

棉花被引进中国的时候，并不是用它制作服装，而是被当作观赏植物种植在后花园中。或许你们见到的棉花植株身高并不高，一般只有 1~2 米，但是，在热带地区生长的棉花可以长到 6 米高，简直像一棵小树了。

棉花的花朵为乳白色，开花不久就会变成深红色。就是因为它们能够开花，人们才把它们当成花一样种植在花园中欣赏。

随后，人们发现棉花不但会开花，而且能够结出雪白的纤维。这种纤维非常柔软，如果用来做衣服，十分舒适温暖。于是，棉花从观赏植物，变为经济作物，并用于棉纺织业中。

从棉花变成我们身上的服装，需要借助工具，古代人以勤劳和智慧发明了纺车。使用纺车之前，当然要先准备好原材料。当棉花成熟之后，摘下棉桃，把去籽的棉花，先弹松，搓成大姆指样粗细的棉条子，把棉条子端尖上的纤维粘在木锭子尖上，然后摇转纺车，边摇边把棉条子的纤维抽出来，高速旋转的木锭子就把棉花纤维捻绞成棉纱线了。然后再用织布机把棉线一梭子一梭子地织成棉布。

虽然工具笨拙些，但它为古代的布匹产量提升提供了重要的基础。在农业社会借助工具提高生产效率就是一种很大的进步。

我国纺车的出现,大约在春秋时期,这要比英国最早出现的珍妮纺纱机要早 500 年。

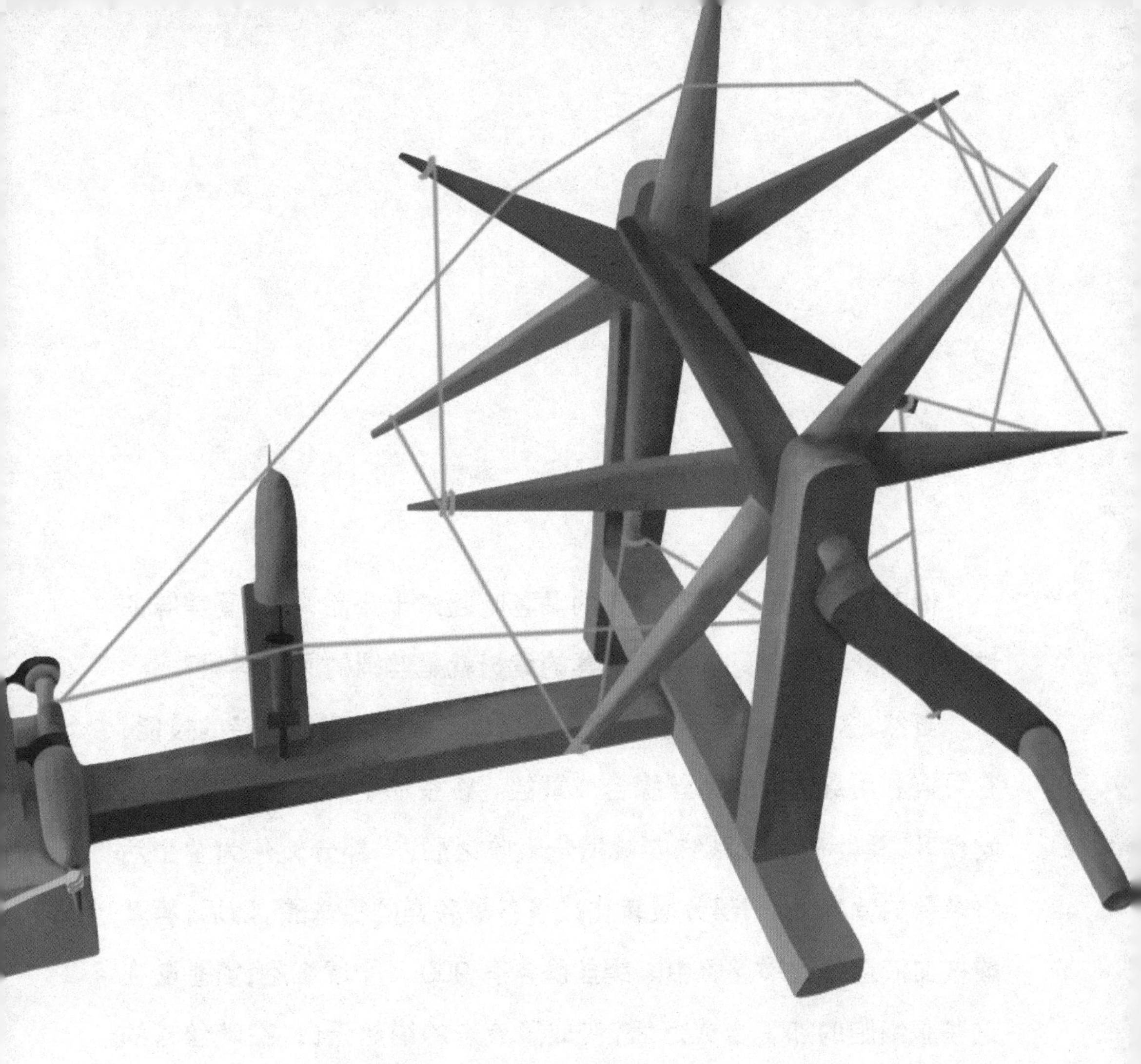

由于织布过程很复杂。随着社会的进步，古时候的纺织机功能和效率也在逐步提高。其中最著名的就属黄道婆对纺织机的改良，她发明的“踏车椎弓”织出的花纹能有 200 多种，空前精美。

现在，科技进步了，我们就不需要这么织布了，大机器生产的时代，一眨眼的功夫，棉花就变成布了，然后再加以轧染，就成为我们需要的五颜六色的衣料了。

蚕宝宝为什么吃的是树叶吐的是丝

你有没有吃过桑葚？成熟的桑葚吃起来十分甜，在享受美味的过程中，你有没有想过，结着桑葚的桑树就是丝绸的原材料呢？

当然，这个过程少不了蚕宝宝的帮助。蚕宝宝有着独特的技能，它可以利用身体内的绢丝腺合成蚕丝。在蚕幼小的时候，它们喜欢吃桑叶，桑叶在消化系统内被消化吸收之后，一部分转化为蚕生活所需要的营养，另一部分被转化成了各种各样的氨基酸。随后，氨基酸被血液运输到绢丝腺中。绢丝腺含有 900 多个腺细胞，氨基酸在这些腺细胞的加工合成之后，变成了液态的绢丝蛋白，在吐丝管的牵引下，就可以吐出一根根长长的液态细丝。

液态细丝一旦遇到空气，就会立刻凝固成固态细丝。

蚕宝宝经过 2～3 天昼夜不停的工作，就能够用它们的蚕丝结

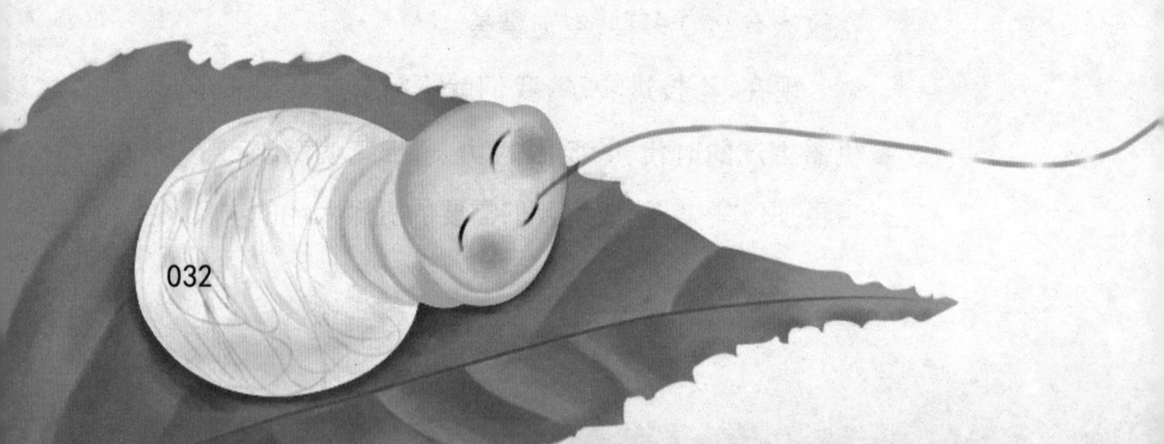

成一个蚕茧。

当蚕茧形成之后，将它们放进热水当中，再剥去外面一层脏东西，就能看见蚕丝的头，顺着头往下缕，丝就出来了。别看蚕宝宝很小，但是它们结出来的丝却很长，可以达到 2000～4000 米。这缕蚕丝的过程叫缫丝，接着蚕丝就会变成丝线，然后经过织布机的工作，一缕缕丝线就变成各种花纹的丝绸了，再经过染色，就成为十分昂贵的衣料了。

最神秘的新成员——化纤

化纤，全名叫“化学纤维”，它是经过化学加工或物理的方法加工而得到的纤维材料。从自然界中得到的材料不够用的时候，人类就想到了利用其他办法来制作纤维，来满足人们的需求。其中，粘胶、天丝和竹炭纤维等都属于化纤。那么，化纤到底是一种什么材料呢？它又是如何而来的呢？它跟植物有什么密切的关系吗？

其实，化纤的最基本原料是石油，化纤是从石油中提炼出来的。

今天，石油已经成为我们生活中不可缺少的能源，它有着广泛的用途，从天上飞的到地上跑的，从日常用的到身上穿的，或多或少都有石油的贡献。

那么，石油又是怎么形成的呢？在白垩纪之前，地球上还生活着很多的动植物，但是，随后地球发生了几次剧烈的运动，导致了大部分的动物被埋在了地层中。而这些被埋在地层中的动植物尸体在缺氧的情况下，被埋藏了几亿年，就会渐渐地形成石油。

虽然石油的形成很复杂，但归根结底，石油也有一部分是由植物演变的，所以说，化纤面料的形成过程归根结底也离不开植物。

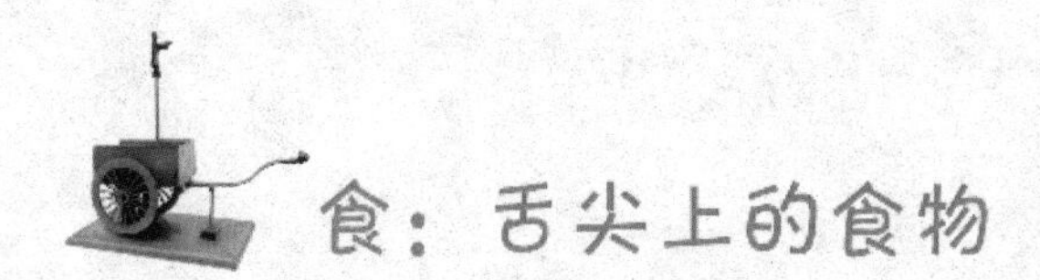

食：舌尖上的食物

关键词：小麦、水稻、水果、咖啡

导　读：植物不但丰富、绿化了地球的植被多样，它们还源源不断地为人类提供了丰富的食材。

香喷喷的面包全靠它——小麦

小说《连心锁》中有这样一段描述：

五谷之中，有一物焉；幼状若韭，色青绿；既熟，黄若金，高可膝。农人刈之，脱其衣，得其实，去其肤，食其肉。此吾北人所尚者，农家恒呼之曰：麦。

麦，就是我们通常说的小麦。小麦还叫浮麦、浮小麦、空空麦等。我国古时候还叫它"麸麦"。

你见过一片片金黄的麦田吗？一个个麦

穗饱满地低着头，风阵阵吹来，掀起阵阵麦浪，多美的景象啊！看着那些饱满的麦穗，你能想象到它们将会走向餐桌，变成各种各样美味的食物吗？那么，我们还是从小麦的历史说起吧。

小麦的家乡并不是在中国，而是在西亚（西亚位于亚洲、欧洲、非洲的交界地带），后来才引种到中国。

中国发现最早的碳化小麦，位于新疆的古楼兰地区，即孔雀河流域，距今有 4000 多年。而中国内陆地区种植小麦，最早不会超过商代中期，距今约3000 年。

在商代的时候，农作物主要还是小米、高粱等。历经战国、汉代，小麦才开始逐渐推广，到了唐代，小麦开始大面积种植，但并不是很普及。这个状况一直持续到明代。明代著作《天工开物》上说："齐、鲁、燕、秦、晋，民粒食小麦居半，而南方闽、浙、吴、楚之地种小麦者

二十分而一。”这段历史资料证明了,小麦在明代的时候,依然分布不均。

南方种植小麦的原因,是由于朝代交替之际,战乱频繁,导致民不聊生,特别是北方游牧民族对于中原地区屡次发动的大规模战争,使得中原地区的人民开始向南方迁移,于是随着“北人南迁”,加上饮食习惯的作用,小麦也开始在南方流行。今天,小麦依然是北方地区的主要粮食作物和食物。

从世界范围看,小麦的产量排名第二,仅次于玉米,而高于排名第三的稻米。小麦是人类的主食之一。

小麦为什么能够成为人类的主食呢?主要是因为小麦体内富含淀粉、蛋白质、脂肪、矿物质、钙、铁、硫胺素、核黄素、烟酸及维生素A等,这些都是人类必需的营养元素。

把小麦的“颖果”脱皮、晒干,然后磨成雪白的面粉,再进行加工就成为食品了。像面包、馒头、饼干、蛋糕、面条、油条、烧饼、煎饼、水饺、包子、馄饨、蛋卷等,都是用面粉制作而成的。

小麦的作用很多,还不局限于做成馒头和面包这些食物,它们通过发酵,还可以酿酒。比如啤酒、白酒等饮品,其中就有用小麦酿制的。

小麦对生长环境的要求非常宽泛,只要有日照,它都能很好地

生长。从地理纬度看:从北纬 17° ~50° ,从平原到海拔约4000米的高原,小麦都能能够生长、结籽实。用一句俗谚说:“只要种庄稼,就会有收获。”小麦的广泛种植缓解了全球的粮食短缺,对于那些还生活在温饱线以下的人们,小麦的作用非常重要。

最“中国”的味道——水稻

你知道吗? 世界上有一半的人是以水稻为主食的。

水稻种植在世界的很多地方都有着悠久的历史。

我国是世界上水稻栽培最早的国家,相传是远古时代尝遍百草的神农氏教会人们种植水稻的。考古工作者在浙江余姚河姆渡发掘证明,在公元四五千年前这里就开始生产水稻了,比世界上种植水稻较早的泰国还早一千多年。

在北宋的时候,我国开始大面积地种植水稻了。其实,在中国原本是没有水稻的,后来,在越南引进了一些优质水稻。从此,水稻就开始在中国安家落户了,并被农民大量地种植。

水稻的产量非常高。如果播种下一粒水稻种子,将会收获到 20 粒左右的水稻,比小麦 4 倍于种子的产量还要高出很多。在长江流域以南的地方,环境比较温暖湿润,每年可以种植 2～3 季,而小麦一年只能种植 1 季,所以,水稻的产量要比小麦要高出很多。

在中国,米饭是传统的主食,但是聪明的中国人总是可以把平常的米饭做出各种花样来,让人赞不绝口。

你看过日剧吗？里边的女主人公经常做的一种食物就是寿司，包好之后切成段装在盒子里，看上去十分勾人食欲！你知道寿司是怎么做的吗？

做寿司的关键在于用质量好的大米，饭要煮得比较硬一些。把紫菜铺在竹帘寿司板上，再把煮好的饭打松，铺在紫菜上，再在中间放上自己喜欢的馅儿，如黄瓜、胡萝卜、香肠、蟹肉、三文鱼等，之后顺势用竹帘将紫菜卷起，这样寿司就大功告成啦。经过紫菜包裹的米饭入口就是不一样的味道，神奇吧！

除寿司之外，还有一种饮品叫米酒。

米酒是通过糯米发酵酿造而成，历来都是民间老百姓自己酿造的家庭酒，成本低廉，因而在广大人民群众中普遍流传。米酒产生的历史很早，大约在公元前 5000 年至 3000 年的仰韶文化中就开始了米酒的酿造。但由于米酒的酿造工艺也相当复杂，需要酒曲和一些时间、火候的把握，到了快餐文化的今天，会酿造米酒的人已经越来越少了，不得不说这是个遗憾。

酸酸甜甜人人爱——水果

在远古时代，人类用于果腹充饥的主要食物就是植物。那时，人们还没有学会耕种，渔猎是他们维持生活的必要手段，有力气的男人打猎捕鱼，而力气相对较小的女人则采摘野外的植物。除草本植物是食物之外，那些树上结的水果，更是他们食物的主要来源。

而今天，我们吃植物的果实，比如新鲜的水果、干果（比如葵花子、西瓜子），更多的是一种休闲，不是为了根本的生存需求。

虽为休闲食品，但作为新鲜时令水果，从科学的角度看，对人体还是有非常重要的作用与价值。

我们知道，任何一种生物都像一座极为复杂的化工厂，不断地进行着各种生化反应。人类也是一样，在人体持续不断的生化反应中，维生素是维持和调节机体正常代谢的重要物质，并以生物活性物质的形式，存在于生物组织中。换而言之，任何生物体内都必须含有维生素才能正常地生长。但是人体不能在体内合成大部分的维生素，或者合成量不足，不能满足机体的需要。那么，人体需要的大量维生素，就必须从植物中摄取了。

在各种食物中，水果中的维生素含量最为丰富。不同的水果含有不同量的维生素，你总是能轻易找到你需要的。由此看来，我们吃水果并不应该仅仅是当作生活的调剂，而应该是看作维系自身新陈代谢的必需。

随着科技的进步，如今出现了很多反季节的水果，而且一些种类几乎一年四季都有。但从科学的角度看待，我们还是应该遵循大自然界的规律，以应时水果为好。

按照孔子的观点："不时，不食。"《黄帝内经》上也说"司岁备物"。两句话的意思都是说，到了什么季节该准备什么样的食物，春夏秋冬都要根据时节采摘自然界的果实。

接下来，我们看一下自然界在一年四季都给人类提供了什么样的时令水果吧！

三月份有菠萝成熟。这个月份的菠萝才堪称正宗的时令水果。菠萝的老家本在巴西，16 世纪的时候引入中国，并成为岭南"四大名果"之一。菠萝还有一个名字叫"凤梨"。菠萝富含大量的维生素、

果糖、葡萄糖和蛋白酶，对人体的营养均衡有很大的好处。

四月份，芒果开始粉墨登场。芒果也不属于“国产”，它与《西游记》中的唐僧有关。唐僧法名玄奘，他历经 16 载去印度取经，回来时，不但带回来大量经典经书，还顺手把芒果带到了中国。玄奘在《大唐西域记》中写道：“庵波罗果，见珍于世。”罗果就是芒果。芒果属于热带水果，在我国，芒果主要分布在南方地区，其中海南地区的芒果最为繁盛。

此外，四月份的时令水果还有桑葚、山竹等。

五月份时令水果有草莓、樱桃等。草莓又叫红莓、洋莓、地莓等。从名字看，带个“洋”字，就像以前人们称呼车为“洋车”一样，它也肯

定是个“外来户”。不错，草莓原产于美洲，后来才移民到中国的。而移民到中国的草莓已经是“变种”草莓了。草莓植物属于多年生草本植物。虽然是多年生草本植物，但是草莓结果有规律，在第一年的时候，即幼年的草莓植株结果数量很少，到第二年的时候，它的结果数量达到顶峰，数量最大。第三年，结果数量就开始走下坡路了。这就意味着，要想继续吃草莓，就必须在第三年以后把草莓的旧植株铲除，重新栽种幼苗。

樱桃成熟时，已经到了五月末六月初，在这个春夏交替的季节

中，红樱桃果布满树枝，令人垂涎三尺。樱桃的食用历史较早，考古中发现，我国至少在商代的时候就已经把樱桃当做水果食用了。不但人食用，而且因为樱桃的味道甘甜，还被当做祭祀鬼神的祭品。《礼记》中记载道："仲夏之日，以会桃先荐寝庙。"会桃，即樱桃。大意是仲夏樱桃成熟之时，采摘下来的果实，人们不敢擅自尝食，而是先把这些新鲜果实拿到祖庙，祭祀祖先神明。

随着春季水果成熟期告一段落，夏季成熟的水果开始登场。其中率先进入人类视线的是荔枝。荔枝是中国原产水果，自古以来口碑皆佳。唐代诗人杜牧在《过华清宫》中写道："长安回望绣成堆，山顶千门次第开。一骑红尘妃子笑，无人知是荔枝来。"诗中说是杨贵妃非常喜欢吃荔枝，但荔枝属于亚热带水果，盛产南方，要吃到新鲜的荔枝，必须借助政府的力量，以接力赛的方式，快马加鞭，从南方把荔枝运回长安城。当然这也与荔枝果的保鲜期有关，荔枝的保鲜期极其短暂，如果过了六七天左右，荔枝的美味却会完全丧失。

不但杨贵妃喜欢吃荔枝，宋代的大文豪苏东坡也曾这样说："日啖荔枝三百颗，不辞长作岭南人。"

荔枝的种类很多，其中我们常见的有桂味、妃子笑、三月红、白腊、灵山香荔、糯米糍等。

紧接着，西瓜上场。这个大个头的东西，是我们最为常见、食用

范围最广的瓜果之一。西瓜属于葫芦科。“西”字言明了西瓜的出生地也不在中国，明代的科学家徐光启《农政全书》中说：“西瓜，种出西域，故之名。”它原产在令人向往的非洲，那里大草原风景秀丽，野生动植物密布，最容易生长一些奇奇怪怪的动植物，西瓜产自那里自然算不得十分稀奇。

西瓜属于一年生蔓性草本植物。夏季是西瓜的成熟期，这时天气炎热，所以成为人们主要消夏的瓜果之一。而且西瓜富含人体必需的矿物盐和多种维生素。

桃子的成熟期在6~9月，桃树属于落叶小乔木，一年开花结果，一年落叶。如此往复不已。桃的品种很多，有油桃、蟠桃、寿星桃、碧桃。关于蟠桃，大家也许不会陌生，就是《西游记》中孙悟空大闹蟠桃园时，把满园子的蟠桃糟蹋得所剩无几。神话故事里说它千年一结果，千年一成熟。这只是对于蟠桃难得的比喻，表明蟠桃这个种类属于桃中极品，事实上，它仍然一年一开花结果成熟。

桃子在中国不仅仅是一种水果，它还是一种传统文化的象征，它代表着人们渴求的长寿、健康，乃至长生不老。《西游记》中的蟠桃其实就是被神化了的一种长生不老水果。它源于人们的一个共识：桃子象征着福寿吉祥。

夏季时令瓜果除了荔枝、西瓜、桃子之外，还有杏、甜瓜等，这些

水果都有一个共同的好处,即都富含大量的维生素。这对于人类而言,食用水果,是摄取维生素最好的一个方式。

秋季是收获的季节,很多植物果实开始成熟。这一时期,大量水果成熟,令人目不暇接:石榴、柑橘、柚子、芭蕉、梨、山楂、苹果、柿子、猕猴桃等。

山楂是最常见的食用核果之一，酸酸甜甜是它的主要特色。一些用山楂果制作的食品也很受人类的青睐，比如糖葫芦、山楂片等。山楂树属于落叶灌木，个头不大。它的幼枝长满绒毛毛，有的还长有刺。果实看起来就像一个棕红色的小球，十分惹人喜爱。

苹果当属人类最常食用的水果之一了。苹果属于落叶乔木，每到秋季果实成熟之后，苹果树开始落叶。苹果的原产地也不在中国，它的老家在西半球，欧洲、中西亚、土耳其等地是它的家乡。在19世纪的时候苹果树才传播到中国来。

古人有谚云："后来者居上。"苹果树就是这样一种果树，虽然在中国出现得较晚，但是，中国产苹果最终却成为世界的老大。苹果在中国的分布地域较广，从南到北，从西到东，华南、华北、东北、西北、西南都能寻见苹果树的身影。

苹果属于常见的普通水果，在世界上享有盛誉，名列"世界四大水果"之一。

柑橘，有的属长绿灌木，也有的属乔木。柑橘原产中国，也是中国食用最早、历史最悠久的水果之一。古代文献《禹贡》上记载说，早在我国的夏朝，柑橘就已经在长江淮河流域生长了，而且，当时的柑橘还被用作"贡品"来用，有时政府还把它纳入"税品"来征收。

司马迁作《史记》时说："齐必致鱼盐之海，楚必致橘柚之园。"意

思是当时楚地（湖南、湖北）的柑橘与齐地（山东）的渔盐业具有同等重要的经济地位。

唐代边塞诗人岑参在《郡斋平望江山》诗中写道："水路东连楚，人烟北接巴。山光围一郡，江月照千家。庭树纯栽橘，园畦半种茶。"可见柑橘已经遍布民间，无处不在。

清代的《南丰风俗物户志》上说，位于江西的南丰地区，那里的大部分村庄都"不事农功，专以橘为业"，庄稼不再耕种，而把种植柑

橘树为主要生产手段。

从这些历史片段的记载中，我们可以看出，柑橘作为主要的食用水果，深受人们青睐。固有“专以橘为业”的农业景象出现。

在十月份成熟的柿子，堪称水果树界中最耐寒的水果种类之一了，它能在18℃的严寒下生长。柿树种类约有300余种，从柿子的颜色上分类，有红柿、黄柿、青柿、朱柿、白柿、乌柿等；从柿子的形状上分类有圆柿、长柿、方柿、葫芦柿、牛心柿等。柿子原产地在中国，如今，柿树已经被我国纳入地方性保护树种之一。柿树的果实也被纳入我国地标性特产。

上述这些水果种类仅仅是我们生活中较为常见的种类，窥一斑而知全豹，可见水果在人类的生活中有极其重要的价值。也许你不知道，有一些水果一年开花结果之后，随着冬季的来临，开始落叶、枯萎，乃至死亡。可以说，果树为人类贡献了美食，却毫不吝啬自己的生命！

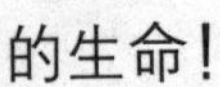

香飘世界的饮料——咖啡

说到咖啡，你最先想到的是什么？一定是它浓郁的香味吧？

咖啡不仅香味浓郁，还能使人兴奋，甚至让人睡不着觉。这是因为咖啡中含有咖啡因，咖啡因会刺激大脑皮质，消除疲劳，使人变得有精神。咖啡也可以起到利尿的作用。如果你喝了少量的咖啡，它不但可以提神，还可以加速体内的新陈代谢，改善人的精神状态。

当然，咖啡有利也有弊，如果喝得过多，可能会导致失眠、焦虑、易怒等。所以，我们喝咖啡要控制在一定量内，一般情况下，每天最好不要超过三杯。

现在咖啡成了流行于世界最广泛的饮料，不仅大街小巷有大小咖啡馆，各种速溶咖啡还上了白领的办公桌。那么咖啡最初是怎么被发现的呢？

传说公元 7 世纪，阿拉伯有一个牧羊人，在非洲的衣索比亚牧羊的时候，偶然发现他的羊蹦蹦跳跳手舞足蹈，仔细一看，原来羊是吃了一种红色的果子。他试着采了一些这种红果子回去熬煮，没想到满室芳香，熬成的汁液喝下以后更是精神振奋，神清气爽。从此，

这种果实就被作为一种提神醒脑的饮料,逐渐流行起来。

但是最初咖啡是作为一种解除困倦的“酒”和帮助人们保护胃、皮肤和各种器官的药流行于阿拉伯的。由于伊斯兰教禁止喝带酒精的饮料,咖啡便成为了酒的替代品。土耳其、叙利亚等中东地区开始盛行饮用咖啡。

随后,阿拉伯人开始规模化地种植咖啡树,喝咖啡逐渐走向了寻常家庭。公元 14 世纪，土耳其出现了最初的咖啡馆。

随着阿拉伯商人和欧洲的贸易往来，咖啡逐渐传播到欧洲，并受到广泛欢迎，随后又随着欧洲逐渐传播到美洲等地，并逐渐使美洲成为世界上咖啡的主产区。

如今，咖啡已成为世界上第一大饮料，全世界范围内分布着超过一百个咖啡产区，不同产区的咖啡有着不同的特色。下面我们就来看一些著名的咖啡品种吧。

南美洲由于高山广布，气候适宜，成为咖啡豆的主要产区。

巴西是世界上第一大咖啡生产国，每年的咖啡产量占世界总产

量的 30%～35%，在巴西的南部，漫山遍野分布的全是咖啡树。

尽管巴西每年的咖啡产量世界第一，却没有一种巴西产的咖啡豆能称得上是顶级咖啡。

同样是在南美洲，世界上最顶级的咖啡产自牙买加。牙买加最享誉世界的还有产自其蓝山山区的蓝山咖啡。

蓝山咖啡是世界顶级的咖啡品种，曾经是咖啡神话的主角，以其丰富的芳香、完整的质感，与均匀适口的酸味完美结合博得人们的赞赏，但近年来，很多品评咖啡的人都说，这种纯美的感觉已经很难再找到了，真是个遗憾。

摩卡咖啡是如今十分风行的咖啡饮法，味甜，以咖啡和巧克力的绝妙融合而著名。

你知道摩卡咖啡这个名字是怎么来的吗?摩卡咖啡原指产地为也门及其周边国家的咖啡豆，豆形小而香味浓，酸醇味强。由于也门早期最重要的出口港是摩卡港，因此从摩卡港出口的咖啡豆就叫做摩卡豆。

亚洲南部和大洋洲也是世界上重要的咖啡产区之一，由于不同的风土习惯，这里产的咖啡也具有不同的特性。

如印尼产的曼特宁咖啡，香味浓郁厚重，有一丝淡淡的草药味；20 世纪 70 年代年代爪哇产的咖啡，有一股浓郁的麦香味道。

住：植物营造的家

关键词：家、勒勒车、吊脚楼、美化家园、照明

导　读：在我们的家居生活中，不乏植物的身影，特别是远古人类，其居住房屋，也大都由植物提供了最基础的建筑材料。

遮风挡雨的家

每个人都有自己的家，家就是一个避风的港湾、一个温暖而依托的港湾。

家在每个人的概念里，有所不同，也许有的人居住在钢筋水泥的大厦里，有的人却还住在土坯房或窑洞里。但是，让我们一起遥想在人类之初，人类的祖先是如何营造自己的“家”呢？

远古时期，人类的祖先最初是居住在山洞里的，后来随着人类在求生过程中的不断进步，到了新石器时代，逐渐出现了穴居和巢居。所谓穴居，是指利用黄土层为壁体，用木架和草泥建造房屋；所谓巢居，是指架空式的结构，以密集的树桩作为支架建造房屋，然后在上边盖上茅草作为顶，有点像我们今天所说的“篷”。

由此可见，从远古时期开始，植物就和我们居住的房屋有了不可分割的密切联系。后来，随着古代劳动人民建造技艺的不断提升，到了夏商时期，已经可以建造大规模的木质宫殿房屋了。到了春秋战国时期，已经形成了以宫殿为中心，夯土围城的城市了，这是我国古代最初的城市雏形。

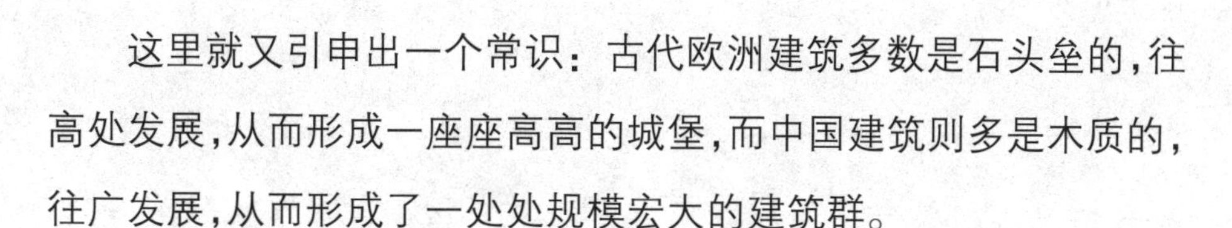

这里就又引申出一个常识：古代欧洲建筑多数是石头垒的，往高处发展，从而形成一座座高高的城堡，而中国建筑则多是木质的，往广发展，从而形成了一处处规模宏大的建筑群。

可以这样说，木质结构是中国古代建筑区别与其他国家建筑的一大特征，从房梁到门窗，从床榻到桌椅，没有一样不是木头做成的，可以说，木材在我国古代人民的生活中扮演的是不可替代的角色，其影响到今天也没有消失。

在我国，这种全木质结构的房屋已经不多见了，仅存的一些都作为文物保存了起来。但是，在日本这种木质结构的房屋仍然是十分容易找到的，并且逐渐形成了独一无二的日本特色。木门，木榻，席地而坐的习俗，已经像和服一样成为日本的象征。当我们看到这些时，首先想到的是日本，而不是中国。但这些风俗习惯，千百年前却曾是中国的传统。

自从远古时代开始，中国人就与木材结下了深厚的情谊，无论是早期居住在树上，还是后来用草木搭建棚屋，都给我们祖先提供了一个遮风挡雨、安稳的家。如果说没有这些木材，也许族人可以像其他种族那样，用石头等建筑房屋，但这也归于假想，毕竟我们曾经使用了木材安家。也可以说，从远古到现在，木材从来没有离开过我们的生活。

大草原上的勒勒车

在我国北方的草原上生活着很多以放牧为生的牧民。当一片草地被牛羊吃完之后,他们会选择搬到另一片青草旺盛的地方。为了方便搬家,他们就发明了一种叫勒勒车的运输工具。

为什么会给这种运输工具起名叫勒勒车呢? 原因是因为在大草原上驱赶牛羊的时候总是发出“勒勒”的吆喝声,所以,就干脆给它取个有草原特色的名字了。也有人叫它“轱辘车”、“罗罗车”和“牛牛车”。

勒勒车和我们日常生活中的植物到底有什么关系呢?

这就必须从勒勒车的构造说起。

其实，勒勒车全身都是用木头做成的，而且不需要一颗铁钉。勒勒车主要选用的材料是草原上最常见的桦木，也有用松木、樟木、柳木以及榆木等材料。

这些木质质地大多坚硬，而且很轻，耐磕碰，受潮也不易变形，比较适宜在草原、沙滩上通行，给牧民带来了很大的便利。所以，勒勒车在草原上有“草原之舟”的称号。

勒勒车的起源很早。在古代，北方牧民很多，而且大多是在马背上长大的，个个能征善战，一旦发动战争，他

们就用勒勒车来运输战略物质。勒勒车相比于其他运输工具更加便捷,因为它们不但能在雪地中快速行走,还能在深草地上快速行走,为赢得战争的胜利作出了不小的贡献。

随着对勒勒车的改进,勒勒车的种类分为好几种,其中有牛马拉大车、牛车和马拉轿车等。不同种类的勒勒车也都有不同的作用。

牛马拉大车是一种用牛马来运输的工具。一旦牧民需要运输货物或农产品的时候,就会让 4~10 头牛或马来拉车。这种车十分坚固,可以载下 250~500 千克的货物。

对于牛车,既可以运送货物,还可以用来装水。不过,它的载重量比牛马拉大车要少很多,一般只能装载 100~250 千克的货物。而草原上的妇女想要出去玩耍的时候,她们就会乘坐牛拉篷车。

马拉轿车是一种比牛马拉大车和牛车都高级的车。从外观来看,它和我们生活中的轿车差不多。在马拉轿车的车厢上往往会安装上用木头、毡子制作而成的车篷,可以起到遮风避雨的作用。不过,马拉轿车这种高档次的草原用车可不是谁都能坐得起的,因为只有官员和有钱人才能坐得起。马拉轿车可不是只有马才能拉的,而且主要是一些骡子在拉。骡子拉着轻便的马拉轿车一天能够在大草原上跑 20~30 千米。如果能乘坐马拉轿车在大草原上游玩一圈,也是一种享受啊!

吊脚楼上的美好生活

在我国广西、云南、四川等地，有一种非常奇特的房屋，这种房屋高高地悬于地面之上，都是用木头来建造的，这种房屋就叫“吊楼”，又称“吊脚楼”。吊脚楼是中国苗族、壮族、布依族、侗族、水族、土家族等少数民族的传统民居。

或许你会担心，用各种植物的枝干建造的房屋会不会倒塌啊？更何况它们是高高地悬在空中！

这个你不用担心，这些吊楼上上下下全部都用坚硬的木头建造而成，而且木头与木头之间还会用一些大小不一的榫卯串联在一起，即便不用铁钉，也相当的牢固。

这种吊楼一般在土家族、苗族、侗族和水族等少数民族居住的地方比较常见，也是少数民族的一种特色建筑。

关于少数民族为什么会建造这样的吊楼，有一个美丽的传说。

据说，在很久以前，土家族人的家乡遭遇了百年一遇的洪水，为了逃避洪水，他们就移居到鄂西。但是，当时的鄂西到处都是枝叶繁茂的森林。在森林里，豺狼虎豹横行。而这些猛兽会经常去土家人那里袭击他们。

起初，他们在夜里睡觉的时候就会在附近燃烧起一堆树枝，用火来吓退想要攻击他们的野兽。野兽虽然怕火，却又招来了毒蛇和蜈蚣等动物的威胁。

在迫不得已的情况下，土家族的一位老人就想到了将房子建造在空中的办法。他带领当地的年轻人，去森林中砍伐了很多木材，在他们居住的地方建起了吊楼。无论是吃饭，还是休息的时候，他们都会在吊楼里。这样一来，那些动物就无法伤害到他们了。

“吊脚楼”的建筑方式，就这样被一直延续到今天。这虽为传说，但也有许多可信之处，毕竟人类为了躲避大自然带来的伤害，就需要想办法应对——吊脚楼在这种情况先应运而生，也就顺理成章了。其实，史料上的记载也印证了这一点，据《旧唐书》记载：“土气多瘴疠，山有毒草及沙虱蝮蛇，人并楼居，登梯而上，是为干栏。”干栏即吊脚楼的别称。总而言之，作为最古老的传统民族建筑之一，吊脚楼继承了原始社会时期的“干栏式民居”格局，其中所蕴含的深厚文化底蕴和民族风情，是我们了解历史真相的最好证据。

同时，我们也应知道，在古代社会没有今日的钢筋水泥等建筑材料的情况下，人们利用天然的植物材料，建造房屋，为人生存居住条件的改善，可谓是功不可没。

上为广西、云南、四川等地的吊脚楼示意图。吊脚楼的整个建筑结构都以木材为原料。

是谁让家更美丽

随着社会的进步,物质生活的提高,更多人渴望精神上得到营养,而不仅仅只是物欲的满足。拿家庭装饰来说,一个绿色、充满生机的房间,会让人不再感觉到被关在钢筋水泥之间。随时都可以看到一丛生机盎然的绿色生命,这自然是一件十分愉悦的事情。而构成家庭绿色的不正是那些花花草草和树木吗?正因为这些花花草草的装点,才让我们的生活充满绿意,充满一种不是大自然胜似大自然的五彩缤纷世界!

从科学的角度看待这些问题,假设在室内摆放一些植物,不但能够起到美化环境的作用,更主要的是,一些植物还能帮助人类净化空气,吸收房间内有毒物质和气体,并释放氧气。

那么,哪些植物能够吸收有毒气体? 哪些植物可以吸收空气中的灰尘与漂浮物? 哪些植物吸收二氧化碳,并释放大量氧气呢?

先说能够吸收有毒气体的植物,它们有虎尾兰、一叶兰、吊兰、芦荟、绿萝、散尾葵、巴西铁、也门铁、铁树、铁线蕨、常春藤、白掌、银皇后、平安树、鸭脚木、千年木、黄金葛、垂叶榕、龟背竹、万年青、

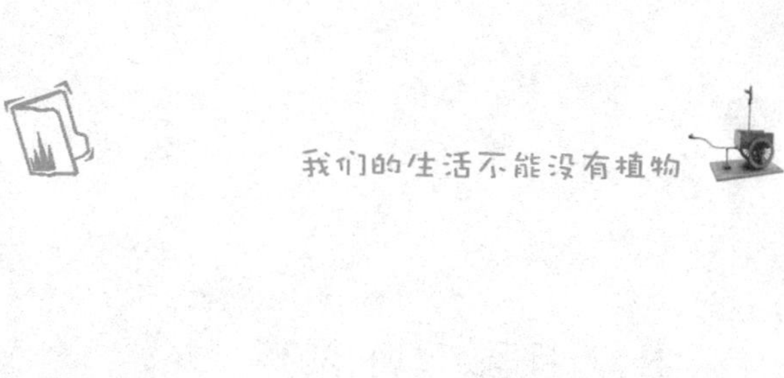

雏菊、月季、玫瑰、海桐、白鹤芋、蔷薇、石榴、孔雀竹芋、鸭跖草、袖珍椰子等，这些植物可以吸收空气中的大量有毒气体，比如甲醛、苯、二氯甲苯、二甲苯、甲苯、三氯乙烯、二氧化硫、尼古丁等。

拿虎尾兰来说，可以清除室内 80%以上的有毒气体，对付甲醛也超级厉害。绿萝也是对付有害气体的高手，它可以对付甲醛、三氯乙烯、苯等多种有害物质。千年木和垂叶榕可以把空气中的有毒物质转化为无毒物质。

能够吸收空气中的灰尘与漂浮物的植物有：滴水观音、仙人掌（或仙人球）、桂花、吊竹梅、龙舌兰、橡皮树、常春藤等。

能够吸收二氧化碳，并释放氧气的植物有：发财树、金钱树、金钻蔓绿绒、幸福树、金琥（又称象牙球、金琥仙人球）、仙人掌、巴西龙骨、龟背竹、棕竹、富贵竹、米兰、蝴蝶兰、君子兰、吊兰等。

巴西龙骨属于昼夜不停工作的植物，在晚间它也能够吸收二氧化碳。晚间吸收二氧化碳的植物还有仙人掌，同时还释放出氧气。金钱树不但能够吸收氧气，还可以调节周围的湿度。

此外，像文竹、非洲茉莉、富贵竹、桂花等还有抑制病毒，并有杀菌的功效。这对改善空气的质量，起到了重要的作用。

因此，可以说，植物让我们的家更美丽，植物让我们的家更环保，植物让我们的生活更健康！

是谁让

现代生活已经离不开电了，无论是工作还是洗衣做饭，没有一件事可以离得开电。

有人也许会说，电，总与植物没关系了吧？说到这里，也许有人会有疑问，比如停电的时候，我们可以用蜡烛，用煤油灯照明啊。那么你有没有想过，蜡烛和煤油灯又是怎么来的呢？

蜡烛起源于原始时代的火把。原始人类通常把脂肪或者蜡一类的东西涂在树皮或木片上，捆扎在一起，做成了照明用的火把。这不就与植物有了关系了吗？

大约在公元前3世纪出现的蜜蜡可能是今日所见蜡烛的雏形。在西方，有一段时期，寺院中都养蜂，用来自制蜜蜡，这主要是因为天主教认为蜜蜡是处女受胎的象征，所以便把蜜蜡视为纯洁之光，供奉在教堂的祭坛上。后来又渐渐出现了从石油中提取石蜡用作蜡烛。

而石油又是从哪来的呢？是远古时期的动植物的躯体腐烂，经地壳运动的变化堆积而成。煤油是从石油中提炼出来的，而石油是由腐植质，埋入地下，长期与空气隔绝，并在高温高压下，经过一系列复杂的物理化学变化等因素，形成的黑色可燃物。

微生物把某些埋在地下浅层的动植物残骸分解成有机物，随着地层深度的增加，温度和压力升高，沉积的有机物可以发生化学反应，这样有机物逐渐裂解产生碳氢化合物，就形成了现在的石油。当然，天然气的形成原理也是和煤油一样的。

自从第一台蒸汽发电机出现之后，电逐渐普及到每一户人家。

而电又是如何来的呢？说到底，电也和植物有着千丝万缕的联系。

电力分为水电和火电两种，火力发电其实就是利用煤、石油、天然气等固体、液体、气体燃料燃烧时产生的热能，通过发电动力装置转换成电能的一种发电方式。这其中煤炭、石油、天然气都是数亿年前的植物变化而来的。

因此，我们可以得出结论，发电照明也离不开植物的功劳。

行：离了植物，寸步难行

关键词：行、车马时代、煤、生物乙醇、橡胶

导　读：无论是在远古时代，或是在科技发达的今天，我们的出行，总绕不开植物，因为从植物提供材料制造的马车，或是现代的代步工具汽车、飞机、轮船等，都是由最初的植物身躯提供的必备能源。即如今天的新能源开发，也离不开植物。

漫长的车马时代

说到植物和人类生活的关系，那还真是很密切呢！比如我们的“行”，就离不开植物。我国古代最重要的交通工具——马车，就以植物木材为原料的。

马车，你一定不陌生吧？在影视剧和博物馆里，我们都能看见古代马车。马车大多数都是由木材制成的，在中华民族漫长的发展历史上，马车作为我国古代最重要的交通工具经历了一个很漫长的发展过程。

在人类的远古时候，木棒是最早的运输工具。也许你很奇怪，木棒怎么能作为交通工具呢？古人利用了滑动的原理，把许多木棒捆绑到一起，然后把要运输的东西放到这些木棒上，滑动木棒就能把东西运走。可是，这样运输效率很低，而且运输速度很慢，同时也很费力。后来随着人们生活资料的增多，另一种重要的运输工具——橇就出现了。人们在橇的木板底下安放圆木，以滚动代替滑动，大大地促进了运输效率。传说在古埃及时，人们建造金字塔就是用这种方式运送大石块的，看来各国人们的智慧都是相通的。

那么，在我国，车是怎样被制造出来的呢?也许聪明的你已经猜到了，就是从檋这种运输工具逐渐演变出来的。

我国是世界上最早使用车的国家之一，相传中国人大约在4600年前的黄帝时代就已经发明了车。在夏朝末期商汤讨伐暴君夏桀的战斗中，战车和运输车已经起到了至关重要的作用。

商汤建立商朝之后，马车有了进一步发展，此时的商人已经开始使用四匹马驾车了，战车的使用也十分普遍。车辆制造技术有了很大的提高，人们已经能够制造相当精美的两轮车了。

在河南安阳，考古人员曾发掘出了商代的马车坑，还有好几个不同种类的马车呢!有一车四马二人的，有一车二马三人的，还有一车二马一人的。由此可见，在遥远的商代，我国人民的造车技术就已经很成熟了。

后来周武王灭商，他接受了周公的建议，在全国广泛开辟道路，制造车辆，用以发展交通。周公不负他哥哥——周武王的厚望，励精图治，努力改造造车技术和修建道路的技术，从此西周的交通有了明显的改观。这对于后来古代马车的发展有着深远的意义。

到了先秦时代，马车种类渐渐地趋于两大类，总体上春秋时期的车分为小车、大车两大类。驾马并且车箱小的叫小车；驾牛并且车箱大的叫大车。小车的用途除了贵族出行乘坐以外，主要用于战争，

因为小车比较灵活，速度又快，这些优点使其在战斗中处于上风。在战国时代，由于战车的发展，战车的数量成为一个国家强弱的标志，所谓“千乘之国”和“万乘之国”的说法就是这么来的。

图为古代木质运输车。这种车主要用于载重货物。

秦始皇统一中国后，实行了“车同轨”的制度，所谓“车同轨”，就是在全国范围内所有车辆两个轮子之间的距离都是相同的，当自己的车在家乡以外的地方坏了需要修理之时，就可以在当地找到相同的配件来修理。同时，这对车辆制造的技术和工艺提出了更高的要求，客观上也促进了车的发展。

我们知道，秦始皇曾经有五次大规模的巡游，乘坐的主要交通工具就是马车，秦始皇最终死于一次出游过程中，他的尸体就是用马车偷偷运回秦朝首都咸阳的。

当时的秦朝人对马车似乎有着特殊的感情，至今我们还可以从秦朝留下的兵马俑中，看到当时的战车实物，还有与真人真物几乎等高的人物与马匹形象呢！

到了汉朝，车的构造就日渐成熟了，原来简单粗糙的单辕车逐渐退出历史舞台，双辕车得到了很大普及。

什么是单辕车和双辕车呢？辕就是车前驾牲畜的直木，用来连接牲畜和车的。所以单辕车就是只有一根直木连接牲畜和车，双辕车就是有两根直木连接牲畜和车。

车的种类增加的同时，用途也开始变化了，已主要用于载人装货，而不是战争。汉朝时还出现了贵族妇女乘坐的辎车。辎车的车箱很奇特，就像一间小屋子，这为后来带车厢马车的产生奠定了基础。

此外，一些高官达人制作了一些专用的车辆，很像现代的“专车”。

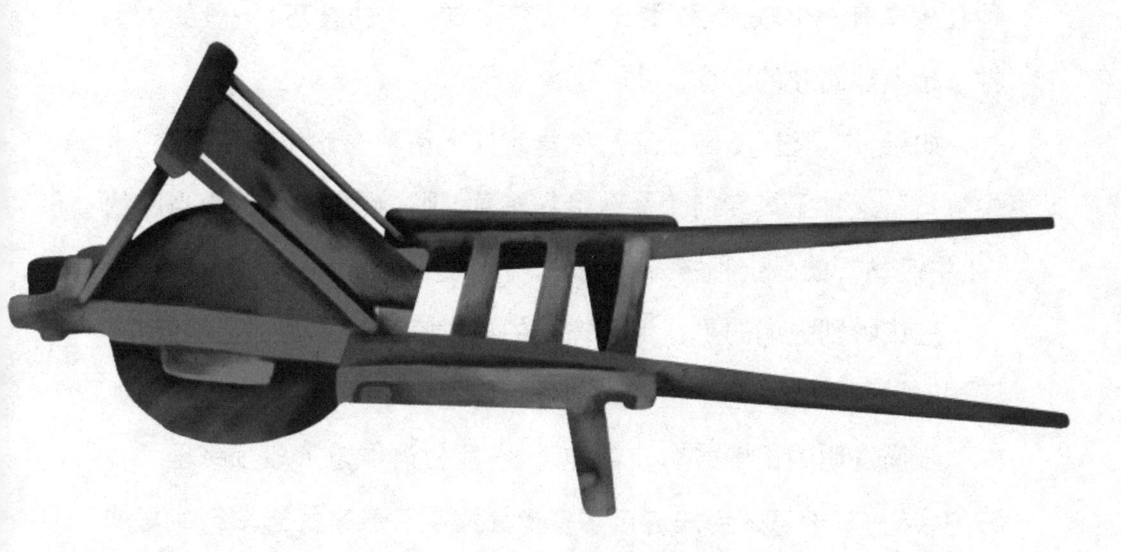

图为双辕车。双辕车，即车前有两个驾牲口的直木，与单辕车正好相对。到目前为止，世界上最早的双辕车模型是在我国古代秦朝时期的墓穴中出土的。双辕车与早期的单辕车相比，进步非常大，它简化成可以用一头牲畜(比如牛或马)拉着。这就提高了驾驭马车的人的可操作性。可以说双辕车的出现，是中国古代代步工具或载重工具制造业的一次革命。另外，这驾双辕车模型，是在秦朝时期一个普通人的墓穴出土的，由此可以推断，这种双辕车，在秦朝已经非常普及了。

独轮车是在东汉和三国时期出现的，这是一种既经济又实用的交通运输工具，在交通史上算得上是一项很重要的发明呢！但是这种独轮车有一个缺点，那就是驾驶它需要一定的技巧，一般的人和牲畜是不能驾驶的。

如果，你读过《三国演义》，你肯定知道诸葛亮北伐时使用的“木牛流马”，这种工具专门为军队运送粮草。现在许多学者认为当时的“木牛流马”，就是一种特殊的独轮车。

应该特别强调的是，汉朝杰出的科学家张衡发明了记里鼓车，三国时期的马钧发明了指示方向的指南车。

张衡发明的记里鼓车非常神奇，它能告诉你走了多少路程。也许你会问：车子怎么会知道走了多少路程呢？原来每当车行 1 里或 10 里时，车上的一个小木人就会自动击鼓一下，你只要数一下击鼓的次数就可以知道已经行走了多少路程。是不是很神奇？

说完了张衡，再说说马钧的指南车。说起指南车，远古时有不少传说。一个是关于黄帝大战蚩尤的故事：上古时期有两个部落，一个姓姜，首领是炎帝；一个姓姬，首领是黄帝。另又有一个九黎部落，首领叫蚩尤。蚩尤是个大坏蛋，经常侵袭姜姓和姬姓部落。于是这两个部落就联合起来共同抵御蚩尤，因为黄帝的军队中有指南车指示方向，终于打败了九黎部落，生擒了蚩尤。

另一个故事是发生在西周时。居住在东南亚的越裳氏派使者晋见周成王，为了回国时不致迷路，周公便造了一辆指南车送给他们，帮助他们顺利地回到了自己的祖国。但这些毕竟是传说，到底指南车是什么时候、由什么人最先发明的呢？现在还无法确切得知。

传说有一次马钧听到有人议论，说指南车只是虚构的神话，根

图为记里鼓车。

本就不可能造出来，也没有存在过，他听后很不以为然。马钧认为古时曾经有过指南车，只是现在失传了，只要肯下功夫研究，一定会把指南车造出来的。于是他不怕讥笑，排除万难，经过长期摸索，功夫不负有心人，他终于研制出了新的指南车。

有趣的是，马钧造的指南车上也有一个小木人，这个小木人是

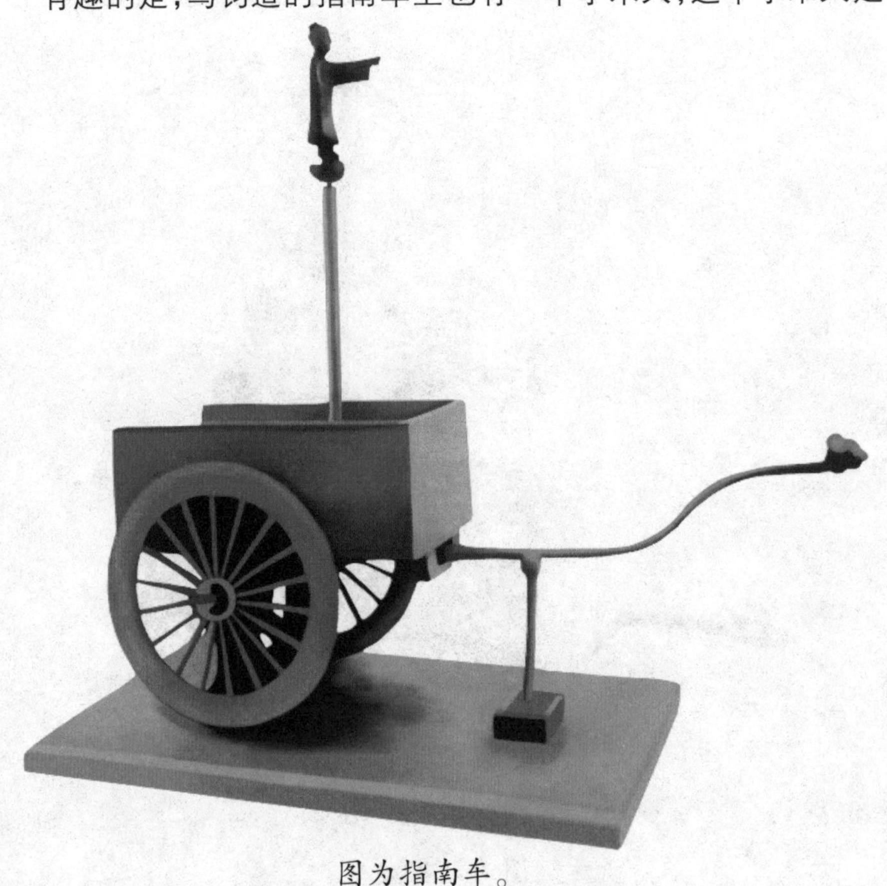

图为指南车。

不是和张衡造的记里鼓车上的一样,也是击鼓的呢? 马钧造的车上小木人是用来指示方向的，车中装有可以自动离合的齿轮传动装置,与木人相连,木人有一只手指向前方。不管车辆朝什么方向行走,在自动离合齿轮装置的作用下,木人的手都指向南方。

唐宋以后,车辆的制造技术又有了很大的进步。

南北朝时出现了 12 头牛拉的大型车辆,12 头牛拉的，那车辆该有多大啊！我们不得不感叹古人的卓越智慧。

到了宋代,官僚们坐轿子的风气逐渐形成起来,很多人已经不再喜欢坐马车了。比如宋朝的大车叫“太平车”,用五至七头牛拖拉。这时的独轮车前后两人把驾,旁边两人扶拐,前用驴拉,叫作“串车”。

到了明清时期,我国还陆续出现了许多具有奇特功能和造型的车辆。也许你对这些古老的车辆比较陌生,那就给你举一个例子吧,比如清代的时候出现的帆车,也就是在车上加一张帆,车辆能够借助风力的推动行进,很省力很神奇吧? 古时候的人们就会驾驭这些捉摸不定的风力为人类所用了,而且这样的车辆环保意识真的是很强呢!

到清朝时又出现了铁甲车和轿车。也许你会问:铁甲车就是现在军用的装甲车吗?轿车就是在城市里穿梭的轿车吗?当然不是,那

个时候还没有现代的高科技呢！其实铁甲车有四个轮子，轮子的直径一尺左右。车厢用铁皮包起来，确保安全。轿车，不是我们日常生活中看到的动力驱动的轿车，而是马车与轿子这两种交通工具特点结合在一起的产物。它的外形像轿子，然后用马或骡子拉着，跑起来还很快呢！

图为轿车。轿车的意思就是轿子和木车的合体。车厢为轿子的形状，而底盘和传统的木轮车大同小异。这种轿车适宜用牲口拉着走，节省了抬轿子的人力，在速度上也有提高。

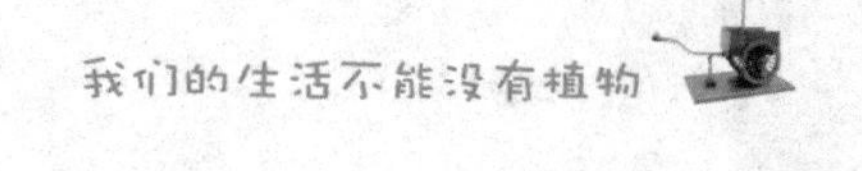

蒸汽时代的功臣——煤

人类经历了数千年的车马时代，是在哪一刻被终结的呢？如今发达的交通又是从什么发展而来的呢？要回答这个问题，我们就必须先回到蒸汽时代。

1769年，英国的著名发明家詹姆斯·瓦特（1736年1月19日—1819年8月19日）发明了蒸汽机，这种机器后来被广泛地用于工业方面。这是非常了不起的发明，为什么这么说呢？因为它标志着人类第一次工业革命的开始，人类从此进入了蒸汽时代。从此之后，人类的工业文明迅速发展，短短几百年的发展成果几乎超越了过去几千年的发展总和。很厉害吧？可以说，蒸汽机的发明对人类现代文明的贡献是不可言喻的，而这种空前的发明和植物也有着密不可分的关系。

到底什么是蒸汽机呢？简单地说，它是指以蒸汽为动力的机器，是将蒸汽的能量转换为机械功的往复式动力机械。那么怎么样才能获得蒸汽动力呢？告诉你吧，要获得大量的蒸汽动力就必须要大量地燃烧煤炭资源。

从历史的角度来看，蒸汽机之所以能在18世纪末的英国最先产生，和当时英国采矿业，特别是煤矿的发展与开采量剧增有着密切的关系。

煤炭资源是很珍贵的，它在十八九世纪被誉为黑黄金，是蒸汽时代最主要的燃料。前面我们已经说过，煤是由植物变化而来的。下面我们详细说说植物究竟是怎么变成煤的。

在远古的地球上，有很多湖泊、盆地等低洼的有水环境，由于这种环境水资源很丰富，所以生长了各种高大的树木。当高大的树木由于各种原因倒下后，就会被水淹没，或者树木本身没有长在低洼处，而是被一场大洪水冲到低洼处，被水淹没，堆积在那里，造成了树木和氧气隔绝的情况。

随着树木数量的不断增加，最终形成了植物遗体的堆积，这些远古植物遗体逐渐堆积成了泥炭层，这便是煤形成的第一步。

然后由于地壳的运动，泥炭下沉，泥炭层在地热的作用，经过长久的岁月变成了褐煤，褐煤经过进一步的复杂演化，又会变成烟煤或者无烟煤。

这就是煤的形成过程，看来煤的形成经历了很长的时间，所以煤炭资源显得十分珍贵。

煤的形成必须具备两个条件：有树木的堆积和与空气隔离。煤

煤的形成过程

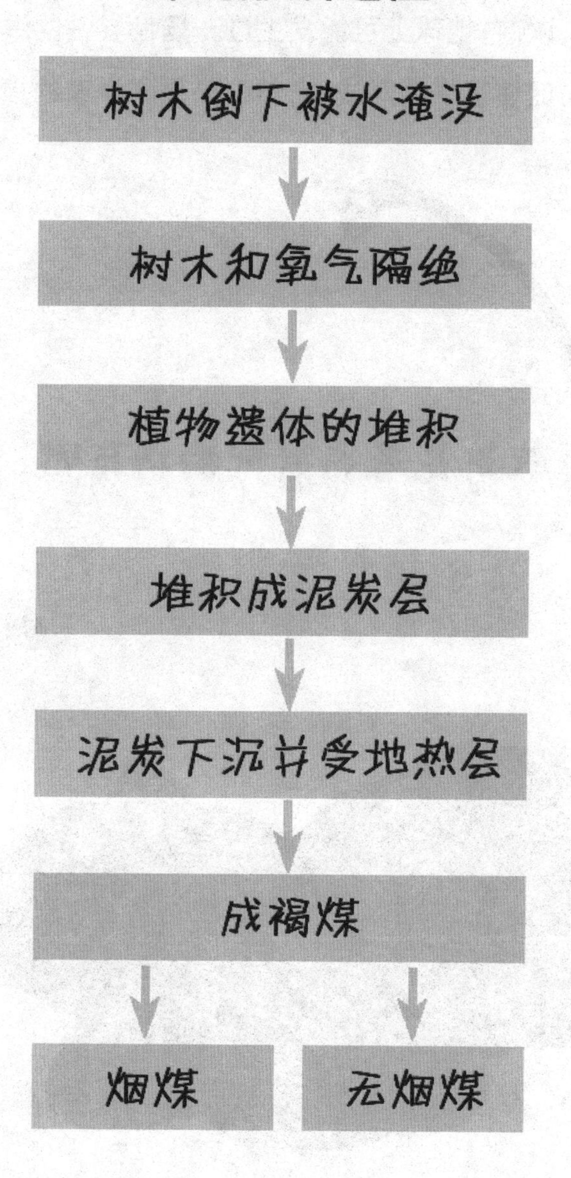

在全世界各处都有分布，而且形成年份惊人的一致，由此我们就不难推测，很久以前，地球上可能发生过一场世界性的洪水，淹没了很多土地，从而促使了煤的形成。当然这只是科学家的推断，目前还没

有确切的众多植物被淹的证据。

在蒸汽时代，人类科技大发展的功臣就是煤炭，而煤炭又是植物形成的，所以可以说，蒸汽时代最大的功臣就是植物。

汽车喝酒跑得快——生物乙醇

汽车也能喝酒?很吃惊吧?汽车当然不是真的喝酒了,而是“喝”酒精。汽车是“喝”油的,怎么又“喝”酒精了呢?

我们知道地球上的石油资源是有限的,随着人类的不断开发,剩余的石油资源越来越少。俗话说:“物以稀为贵”,近年来,随着石油越来越少,油价越来越高了。因此,很多石油消耗大国都在积极寻求一种解决办法,他们想找到一种可以代替石油的新能源。

通过世界各国技术人员的不懈努力,最终找到了一种能代替昂贵的石油的新能源,这就是生物燃料乙醇。于是,世界各国都为之投入了大量的精力。

什么是生物燃料呢?它是指人们通过对生物材料的深度加工提炼而生产出来的燃料乙醇和生物柴油，它们同样具有可燃烧的特性。因此,在一定程度上可以替代由石油制取的汽油和柴油,而且它还是可再生能源开发利用的重要方向呢!

受世界石油资源、价格、环保和全球气候变化等诸多因素的影响,20 世纪 70 年代以来，世界上很多国家对于生物燃料的发展给予了高度的重视,国外很多汽车中都开始使用生物燃料,各国在生物燃料的推广上已经有了很大的成绩。

近些年来,我国生物燃料的发展速度也非常快,特别是以粮食为原料的燃料乙醇生产渐成气候,现在很多地方的汽油和柴油其实已经加进了生物燃料的混合燃料了,这也节省了很多有限的石油资源。那么生物燃料是用什么原材料制取的呢?目前,工业化生产的燃料乙醇绝大多数是以粮食作物为原料的,其中以玉米作为原材料是提取乙醇燃料的重要途径。

但是以粮食作为提取生物能源,自然有其局限性。数据显示,2007 年,美国玉米总产量的 25%用于提炼乙醇燃料,而同年的另一则报告却给人类的粮食安全带来了巨大的隐患——联合国粮农组织报告称,受大量粮食被转变为生物燃料等因素的影响,世界正在经历“前所未有”的粮食危机。

从长远来看,生物能源的发展瓶颈具有规模限制和不可持续性。那么有没有其他方法呢?人类的智慧果然了不起,以木质纤维素为原料的第二代生物燃料乙醇已经登上了历史舞台。第二代生物燃料乙醇的原材料来源主要有秸秆、野草、甘蔗渣、稻壳、木屑等,这就解决了生物燃料与粮食安全相互纠缠的问题,同时,这类原材料资源丰富且可循环再生。但是,这类原材料也有弊端,由于其较为分散,在采集成本、运输成本以及生产成本方面,也面临着巨大的发展瓶颈,不过,科学家们将会通过不懈的努力解决掉这个难题。

从黑到白的神奇魔术——橡胶

人们常说，由白变黑容易，由黑变白难。但是，现在我们要看一神奇的“魔术”，让一种东西由黑变白。

大家都知道，汽车轮胎的主要材料是来自天然橡胶或者人工合成橡胶，而在性能的比较上，天然橡胶的综合优势要比人工合成的橡胶大很多，因此，很多高级车辆配备的轮胎都是使用天然橡胶制作的。

那么，为什么要选择橡胶作为轮胎的材料呢？这要从轮胎需要的性能说起。

轮胎是一辆汽车上必不可少的零部件，它们的作用主要是汽车行驶的时候跟地面接触产生摩擦力帮助汽车前行，它们良好的自身弹性还能够增加驾驶的平稳性。性能良好的轮胎能够提高乘坐的舒适性和跟地面良好的附着力。在紧急情况下,好的轮胎能够让刹车的距离缩短,保障车辆的安全。因此,轮胎在整车性能中是十分重要的。

橡胶就正好满足了轮胎的这种需求。橡胶是具有高弹力的高分子材料,它的特点是具有绝缘性、不透水性和中空性,且具有良好的抗冲击性和附着力,因此被作为轮胎的首选材料。

那么橡胶最初是怎么被发现的呢?它又经历了一个怎样的发展历史呢?

橡胶树的故乡据说是在巴西亚马逊河流域马拉岳西部地区，印第安人把橡胶树称作"眼泪树"。其实橡胶树不是真的流眼泪，而是它的树身会流出液体，晶莹透亮，看起来特别像眼泪，所以人们形象地称它为"眼泪树"。并且，印第安人很早就学会了使用这种树木的树汁，他们生活中的盛水的器皿、皮球等都是最早期的橡胶制品。

后来，从欧洲远道而来的西班牙人在当地发现了这神奇的树种，并且他们从当地人那里学会了如何采胶和制作橡胶制品，这一发现让西班牙人赚了个盆满钵满。

看着西班牙人因为橡胶树发了财，美国人也不甘寂寞了，1839年，美国人查理·固特异在生产橡胶的实践中发现在橡胶加热时加入硫磺后，橡胶的弹性、耐用性等性能会大大提升。这就是橡胶的硫化法。这一伟大的发明让橡胶在人们生活中的应用更加广泛。

此后不久，橡胶船、汽车等交通工具的大量出现让橡胶这种必备的原材料风靡世界。在当时，巴西的亚马逊热带雨林是橡胶主要的产地，橡胶业的蓬勃发展也让当地的生活发生了翻天覆地的变化，亚马逊河流域的几个小村镇在橡胶业的带动下迅速繁荣起来。现在巴西的玛闹斯及老艾朗市都是当年因为橡胶业的发展而发展起来的城市。橡胶这个现代汽车文明的重要代表产品对于人们生活的改变可见一斑。

橡胶对于现代社会的影响日渐重要，人们也在试图让橡胶树走出热带雨林，在世界各地更广泛地种植。

1876 年，英国植物学家亨利·威克姆带着七万颗橡胶树种子回到英国，他想让橡胶树也能在英国本土生根发芽，但是让他失望的是，英国的环境并不对这些热带植物的“胃口”，他的引种计划失败了。后来，他又把橡胶树的种子带到了世界其他地方，希望能找到一块适合橡胶树生活的乐土。最终，在东南亚各国找到了适宜的气候环境和土壤，橡胶种植业在那里迅速发展起来。

到了 1913 年，东南亚的橡胶产量已经超过了原产地巴西。而且，东南亚的橡胶树生产出来的橡胶产量更高、品质更加优良、价格更加低廉。因此，东南亚渐渐取代巴西成为了世界橡胶的生产基地。

受到东南亚橡胶的冲击，巴西原来很多依靠橡胶发家的人们纷纷破产，他们被迫放弃了橡胶种植，离开了亚马逊，人去楼空的老艾朗市如今已经变得非常凋敝，很多地方已经成了荒无人烟的废墟。

为什么橡胶种植被传到东南亚之后得到了迅猛的发展呢？难道东南亚有什么神奇之处吗？没错！东南亚有着非常好的气候环境，能让橡胶树舒舒服服地生长。

橡胶树是一种喜欢“桑拿”的植物，高温、潮湿的气候和肥沃的土壤是它们疯长最好的环境。而且，终年的平均气温必须在 20～

30℃的范围内才能适合它们的生长和橡胶的生产，而且橡胶树特别怕冷，在5℃以下就会受到冻害。

橡胶真的很挑剔，它还对降水量有一定的要求，但同时又不喜欢在低湿度的地方生存，它适于在土层深厚、肥沃而湿润、排水良好的酸性砂壤土生长。东南亚的气候正好满足了橡胶树这些生长要求。

首先，东南亚地区马来半岛属于热带雨林气候，中南半岛、菲律宾群岛属于热带季风气候，这里全年高温多雨，非常适合橡胶树生长。

其次，东南亚地形多为山地，地势较高，这满足了橡胶树喜高的特点。同时，该地区处于喜马拉雅火山地震带，火山活动频繁，有大量火山灰堆积成的土地，这为橡胶树生长提供了肥沃的土壤。

最后，东南亚地区人工、资源各项成本都较其他橡胶产地低廉，价格较其他产区有巨大优势。因此，现在的东南亚地区成了全世界重要的橡胶产地。

橡胶不光可以制造轮胎，还是很多东西的原材料呢，大到飞机、军舰、汽车、拖拉机、收割机、医疗器械等大型机械，小到我们日常生活中的桌椅板凳，牙具茶杯等等，都和橡胶有着密不可分的关系。

这又是一个植物和人类生活密不可分的力证。

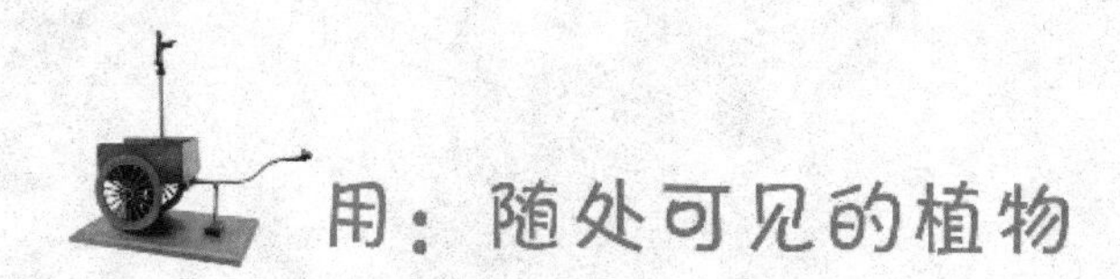

用：随处可见的植物

关键词：纸张、染料、植物器乐、笛子、葫芦丝、香水

导　读：从生活中的用品，到人们的精神生活，植物都积极参与其中，不仅给人类带来了多姿多彩的彩色世界，也为人类的精神生活提供了食粮。

前面我们已经从衣、食、住、行四个方面一起了解了植物和人类生活的关系，植物对人类生活的影响可谓无处不在，那么除了衣食住行以外，咱们的日常生活中还有哪些地方会用到植物呢？我们一起来看看吧！

纸张从何而来

纸张是咱们日常生活中再常见不过的日用品了，咱们的书本、试卷、报纸、文件等等，几乎没有什么能离得开纸张。你想过纸张是怎么来的吗?

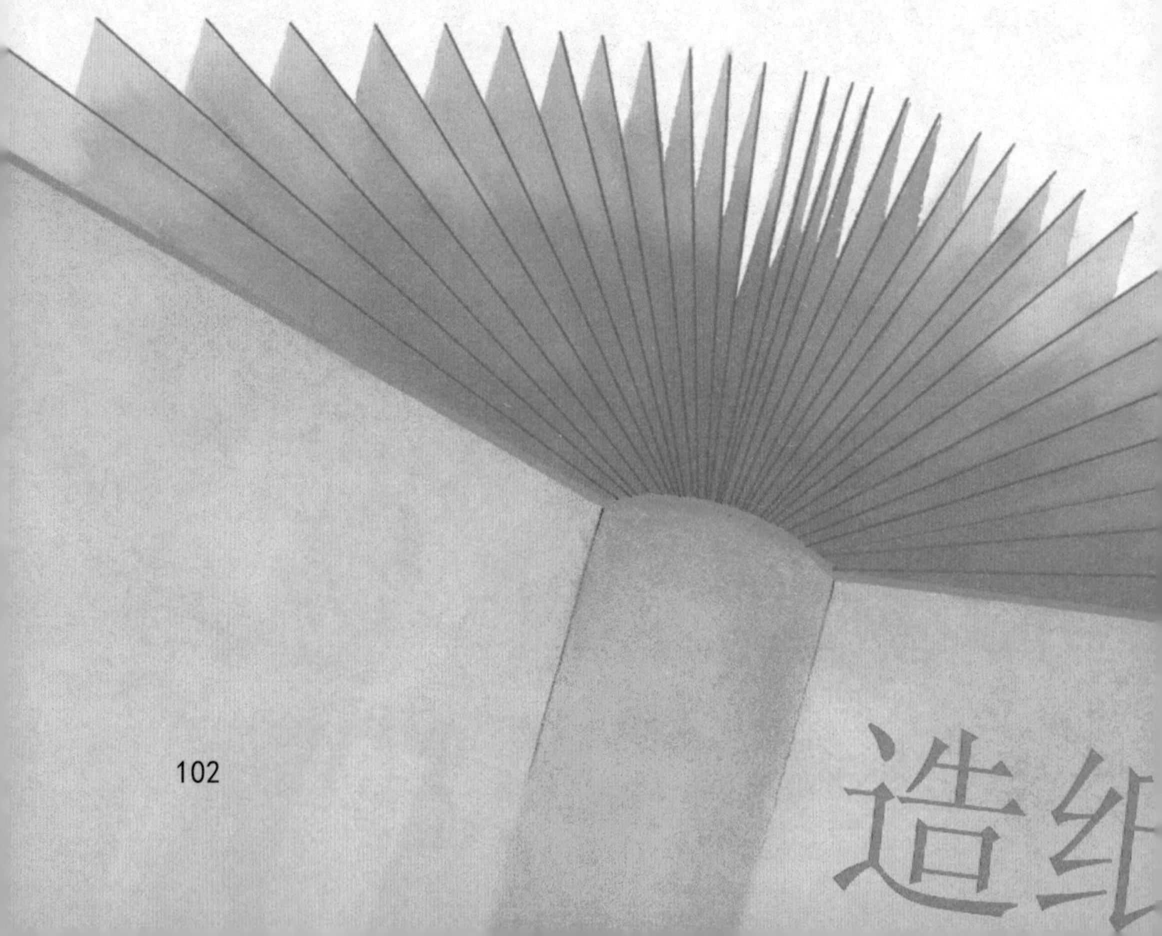

造纸术是我国古代的四大发明之一，对我国古代乃至整个人类的社会进步都产生了重大影响。

造纸术的产生，和远古以来中国人就已经懂得养蚕、缫丝有关。秦汉之际，用次茧作丝绵的手工业十分普及,几乎家家户户都会。这种处理次茧的方法称为漂絮法，操作时的基本要点就是反复捶打，直到把蚕衣捣碎。而这一技术恰恰为造纸中的打浆奠定了基础。

此外，中国古代常用石灰水或草木灰水为丝麻脱胶，这种技术也给了造纸中为植物纤维脱胶很大的启示。而我们常用的纸张就是借助这些技术发展起来的。

那么，造纸术在中国到底又是什么时候,又由谁发明的呢? 在这一问题上,学术界至今仍有很大争论。

在很多历史文献中，大家都认为东汉时代的蔡伦是纸的发明者，并且将蔡伦向当时汉和帝刘肇献纸的公元105年，当成纸张正式问世的年份。当然，由于年代的久远和文献的缺失，也有很多的专家学者认为，造纸术并非是蔡伦的“专利”，而是西汉初年广大的劳动人民在日常生产生活中经验的积累，是群众智慧的结晶。

客观地说，蔡伦也许并非是纸的发明者，但他肯定是一位在造纸技术升级上的革新者，他在总结前人造纸经验的基础上，将造纸的原料做了改进，普通廉价的树皮等被用在了造纸上。这样的重大革新，不但大大提升了纸张的品质，还降低了纸张的制作成本，让这种原本只有皇家和达官贵人才能使用的产品成为了普通老百姓都能接受的东西。这对于中华传统文化的传承起到了不可估量的重要作用。

自蔡伦改进造纸术后，纸张迅速在中国各地传播开来，并逐渐传到了海外诸国。

造纸术首先传入了我国的邻邦高丽和越南。

高丽这个名字你很陌生吧？它的另一个名字你一定熟悉，它就是现在的朝鲜及韩国。在蔡伦改进造纸术后不久，高丽和越南就有了纸张，也许你会觉得奇怪，为什么会这么快就传入了高丽和越南呢？这是因为当时的高丽和越南是中国汉王朝的附属国，所以我国

中国古代造纸术

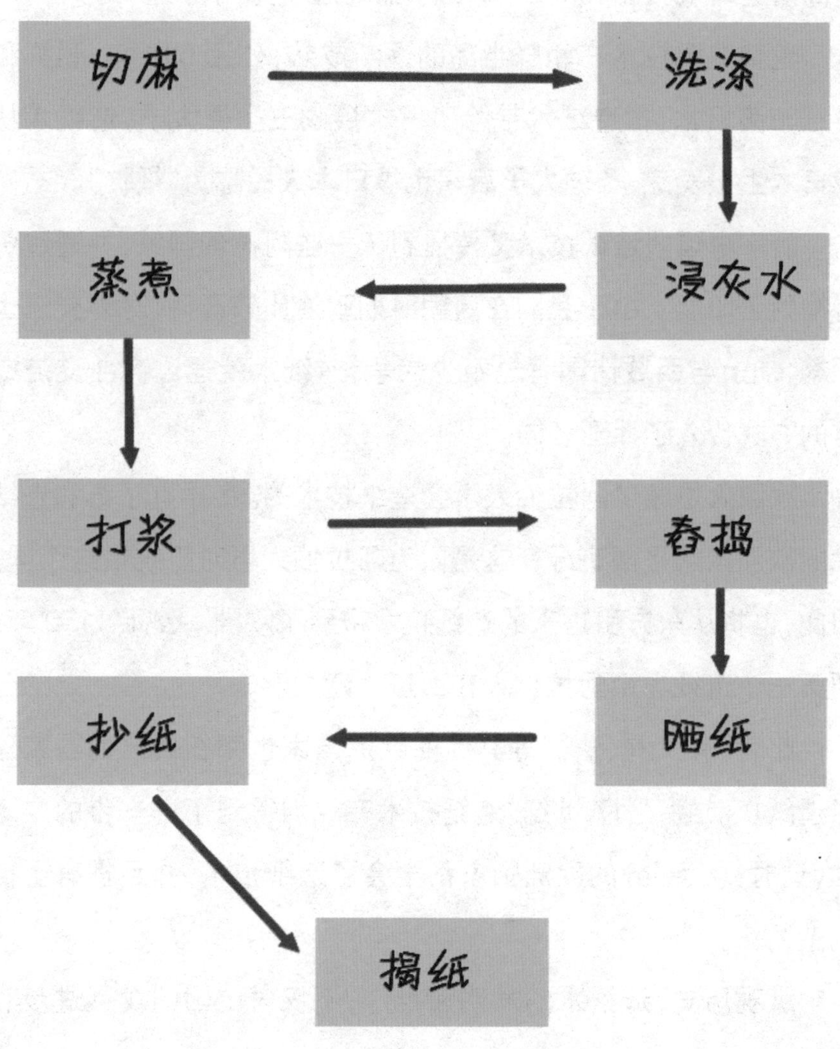

的造纸术最先传到了高丽和越南。朝鲜半岛不但学会了造纸的技术，还不断地发展提高了造纸的工艺水平。到了唐宋时候，中国反而向高丽进口纸张。真的是“青出于蓝而胜于蓝”啊！

随着造纸技术在朝鲜半岛的逐渐成熟，公元 610 年，朝鲜和尚昙征东渡日本，把造纸术带给了日本摄政王圣德太子，造纸术从此在日本生根发芽，圣德太子后来也被日本人民称为“纸神”。

后来中国的造纸技术又传播到了一些阿拉伯国家，并通过贸易传播到了印度。由于我国在唐朝时期政治比较开明，对外交流也很频繁，加上与西域诸国有过不少战争，造纸术就通过商业交流或战争的方式传入了西亚各国。

欧洲人是通过阿拉伯人学会造纸技术的。最早有了纸和造纸技术的欧洲国家是西班牙，这是因为阿拉伯人当时正统治这个国家，因此，也将从东方引进来的造纸技术带到了欧洲。公元 1150 年，欧洲第一个造纸场由阿拉伯人在西班牙建立。

此后，意大利、法国等其他的欧洲国家也都在自己的国家建立了造纸厂。到了 17 世纪，造纸技术在欧洲得到了进一步的广泛传播，这时候大部分的欧洲国家都学会了造纸技术，并且拥有了自己的造纸业。

纵观历史，造纸术的发明和推广，不仅对中国的发展进步有着

现代造纸工艺流程

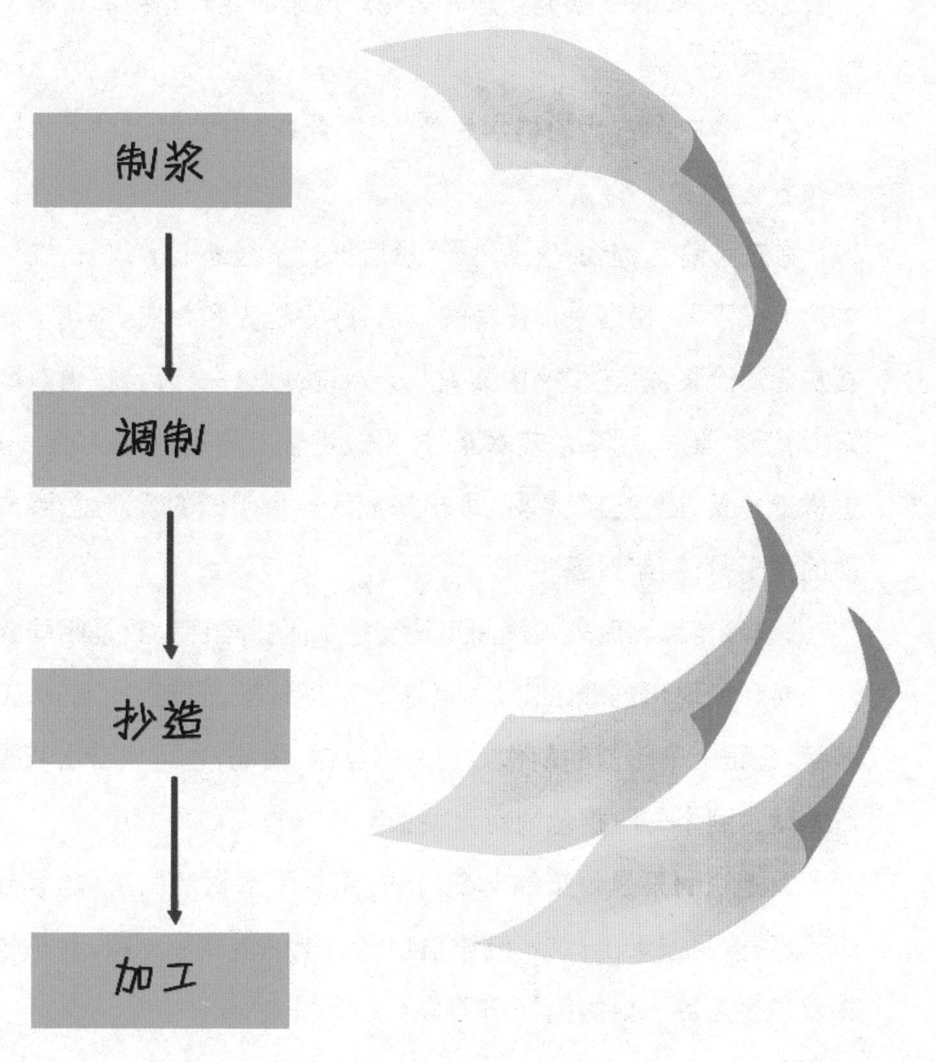

重要的意义，对于社会的进步和发展起着重大的作用，对于世界科学、文化的传播产生了更深远的影响。

那么，古代的纸张究竟是怎么生产出来的呢？造纸和植物又有什么关系呢？

在一本中国古代的科学专著《天工开物》中曾经记录了竹纸的制作方法：

在芒种前后，上山砍下竹子，然后把竹子截断五七尺长，在塘水中泡上一百天，捞出来加工捶洗以后，除去粗壳和青皮。再用上好的石灰化汁涂浆，放在楻桶中蒸煮八天八夜，歇火一天后，把竹料取出来，用清水漂洗，用草木灰水浆过，再放进釜上蒸煮，用灰水淋一遍，这样十多天，让它自然臭烂。取出来放入一个叫臼的容器里，舂成泥面的样子，再制浆造纸。

这些记载，和后来的民间土法制造纸张的程序大致是相同的。

而我们现代的造纸工艺，也基本分为制浆、调制、抄造、加工等步骤，也跟上千年前的制作方法大体类似。由此，也可以看出我国造纸术从古到今一脉相承的历史关系。

以上说的只是竹纸的制造方法，还有用木材制的纸，丝絮制的纸等等，这足以看出，这些纤维植物是造纸的重要原材料，是植物深入我们生活每一处的绝好例子。

世界为何五彩斑斓

我们每天都生活在五彩斑斓的世界里,但是你知道这么多的色彩是怎么来的吗?有人可能会说,是用颜料染色的呗。是的,五彩缤纷的颜色是离不开颜料的渲染。但是,你们知道最初的颜料从何而来吗?

前面我们已经说过,远古时期的人类,最初的衣服绝大多数为棉麻织物,而且多为棉花本身的黄白色或是麻本身的淡灰色,这只是普通百姓穿的粗布衣服,没有鲜艳的颜色。但是,皇帝高官们穿的衣服就大不同了,就如我们在电影电视上看到的,他们穿着各式华丽的衣服,或雍容华贵,或灵气飘逸。

那么,古时候那些色彩艳丽的衣服最初是从何而来呢?染色的颜料最初是如何被发现的呢?

你听说过"青出于蓝"的故事吗?相传,在远古时候,人们并不会染色技术,仅仅是穿着棉麻制成的粗布衣服,颜色很是单一。后来有细心的人发现,人经常在河边走的时候,衣服很容易被河水打湿,衣服被河边的草染上了青色,洗都洗不掉,这种能染色的草叫作蓝草。

聪明的古人马上从中受到启发，开始逐渐有意识地使用蓝草进行染色，这也算是我国古代早期使用植物进行染色的一种。我国自春秋时期就已经开始用蓝草染色，历代文献上都能找到佐证，如在《诗经》中就有明确的采摘记载，在荀子的《劝学篇》里也有“青出于蓝”之说法。

在我国的历史典籍中，不光有印染的记载，还有关于染色植物是如何栽培和印染技术的记载，在北魏贾思勰的《齐民要术》和明朝宋应星的《天工开物》、明朝李时珍的《本草纲目》中都有许多相关的文献记载。《齐民要术》非常详实地记录下来了我国古代人民用蓝草制作印染原料的方法。在世界制造蓝靛的历史上，这也是最早的工艺操作记录。

除了用蓝草提取青色之外，我国古代还有很多颜色是从植物中提取的，比如人们在周代就开始使用茜草了，这种草的根含有茜素，如果用明

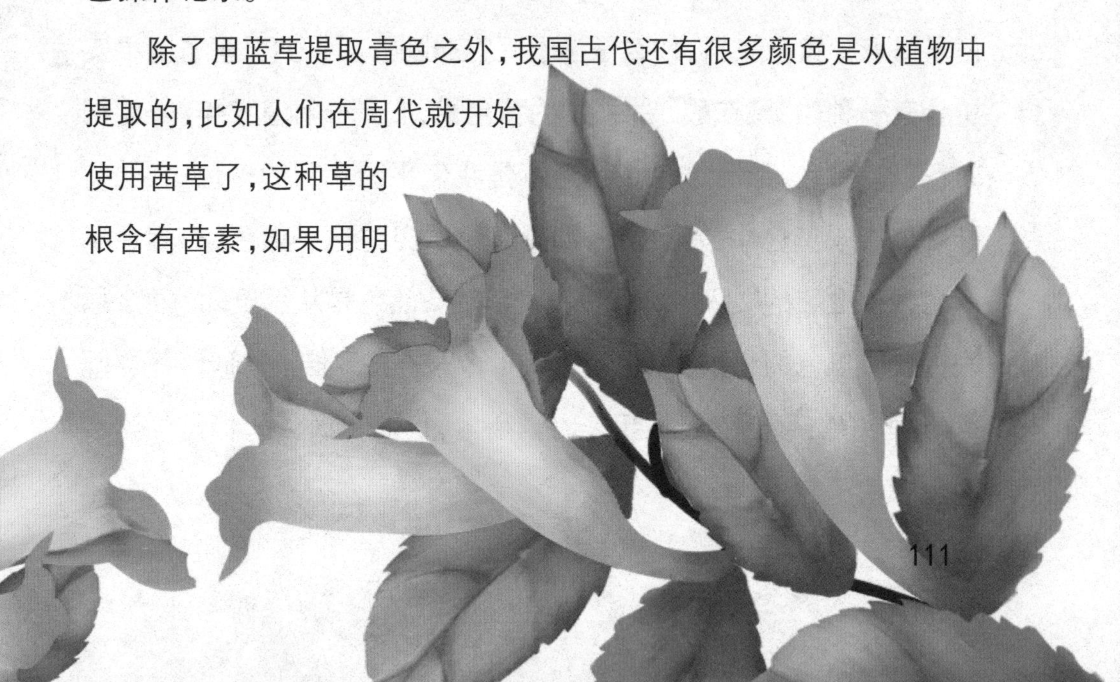

矾作为媒染剂的话，可以调和出很鲜艳的红色。除了红色，人们还用凿子提取了黄色染料，什么是凿子呢？它也是一种植物，凿子的果实中含有一种叫“藏在酸”的神奇的黄色素，它是一种直接染料，能把布料染成黄色，而且这种黄色还不是我们平时见到的黄色，它的特殊之处在于黄色中微泛红光，如果你亲眼见过这种颜色，一定会深深地喜欢上它的。另外，有的人喜欢黑色，黑色是从哪里来的呢？原来古代染黑色的植物主要用了橡实（麻栎子）、五倍子、柿叶、冬青叶等，这些植物可能我们听起来比较陌生，但是古时候人们已经学会利用它们了。

由此可见,从古代开始,植物就为我们提供了日常所需的色彩,试想一下,如果没有植物,就不可能有五颜六色的色彩,那我们的生活该有多么的灰暗啊!

后来,随着染色工艺的不断发展,到了现代,我们不仅需要衣着上的五颜六色,在生活的各个方面都需要五彩斑斓、绚丽多姿的色彩。在美化家庭生活环境的时候,有一种东西是必不可少的,那就是油漆。

油漆是一种神奇的涂料,它们能够牢牢地粘在墙上、家具上面,它们不仅仅能够起到美化的作用,它们还具有一定程度的保护作

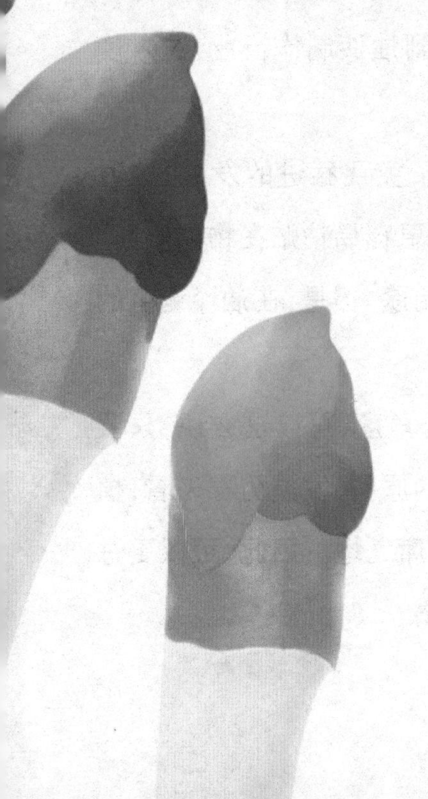

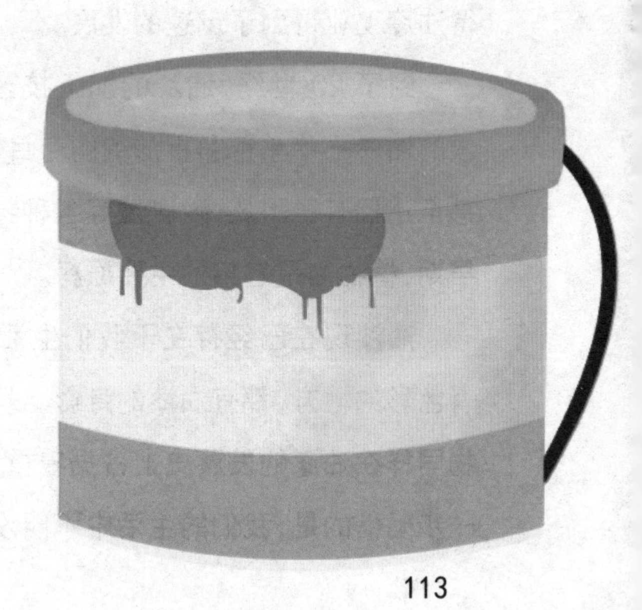

用。油漆通常以氧化铁或树脂等为原料。那么油漆的起源是什么样的呢？至今还没有明确的定论。

早在公元前 6000 年，中国古人已经用无机化合物和有机颜料混合焙烧的方法对油漆加以改进，我们不得不再一次感叹古代劳动人民的智慧。

公元前 1500 年，在法国和西班牙的山洞里，人们发现了用油漆调色的绘画和装饰。大约在同一时期，埃及人用染料制造蓝色和红色颜料，他们用的材料主要包括靛蓝和茜草。但这种油漆还是非常简单的，制作工艺很粗糙，总的来说需要很大的改进。到了 18 世纪的时候，随着亚麻仁油和氧化锌被应用到油漆制作行业，这才使得油漆工业得到了迅速的发展。

到了 20 世纪，油漆的加工技艺得到了突飞猛进的发展，这时候的油漆不单单色彩更加绚丽夺目，而且更容易粘贴在物体表面，甚至还拥有了阻燃、耐腐蚀等各种特殊的用途。但是，在油漆诞生的早期，植物油是它们的主要原料。

油漆现在已经存在于我们生活的各个角落，可以这么说，只要有色彩的地方，都有油漆的身影。从油漆的原料、发展历程来看，植物同样在油漆的发展史上占据着重要的一席之地。因此，可以更进一步确信的是，我们的生活中不能没有植物。

神奇的植物会唱歌

正如我们的生活中少不了色彩一样，音乐在我们的生活中也是必不可少的。试想一下，如果世界上没有了音乐，生活将是多么单调无趣、枯燥乏味。可是，你知道吗？很多乐器都是用植物做的呢！也可以这样说，假设没有植物提供原材料，很多音乐之美，人类就无福享受了。

从实际的乐器考证，中国传统乐器也大都与植物有关，如：箜篌、唢呐、琵琶、箫、洞箫、排萧、竹笛、羌笛、管、竽、笙、芦笙、古琴、马头琴、扬琴、柳琴、三弦、阮、板胡、京胡、二胡、中胡、四胡、大鼓、小鼓、腰鼓、长鼓、手鼓、梆子等等，这些乐器，无一不是用植物作为原材料。换句话说，如果没有这些植物，这些乐器将不会存在。

不但中国乐器离不开植物，西洋乐器也有很多离不开植物，比如钢琴、木管乐器（长笛、短笛、双簧管、英国管、单簧管、大管、萨克管）、弦乐器（小提琴、中提琴、大提琴、低音提琴）等，也一样需要植物作为最基本的制作材料，才能发出如此优美的音色。

从衣食住行到提供精神食粮，植物从来就没有离开过人类一步。

一对孪生兄弟——笛子和箫

笛子在我国传统乐器中，是一种比较有代表性的木管乐器，它们美妙的音色经常在中国民乐、戏曲之类中国风的作品中出现。而且，现在笛子的音色也受到了世界范围内听众的喜欢，也常常被运用到西洋交响乐队和现代音乐中。

笛子在我国有着悠久的历史，在很多古诗词中无数次地描绘过牧童吹奏短笛放牧的美妙场景，因为它们的取材大多是天然竹材，所以笛子在我国也常常被称为“竹笛”。

笛子的音色十分丰富，它们可以灵动、激昂，也可以悠远、空旷，也可以欢快跳跃，无论是华美的舞曲，还是哀婉的小调，笛子都能胜任。更为奇特的是，它们还能模仿很多大自然的声音，有一曲笛子独奏《百鸟朝凤》就是活灵活现地表现了鸟类世界生机勃勃的景象。自古以来，笛子在古人的生活中就是一件无可替代的乐器。

大部分笛子是用竹子阴干以后经过复杂的工序制作完成的，笛子的音质清脆、明朗、悠扬中又极富穿透力。制作笛子的最好原料是竹子，因为这种材料的笛子声音效果最好。

笛子作为中国的传统乐器，历史十分悠久，甚至可以追溯到新石器时代。只是那时候用的是骨笛，什么是骨笛呢?顾名思义就是骨头做的笛子，那时先辈们利用飞禽胫骨钻几个孔，就能吹出美妙的声音，还可以用骨笛发出的声音诱捕猎物和传递信号，也就诞生了我国最古老的乐器——骨笛。

由此看来，我们的祖先总是善于在实践中利用各种东西，来为生存和生活服务。

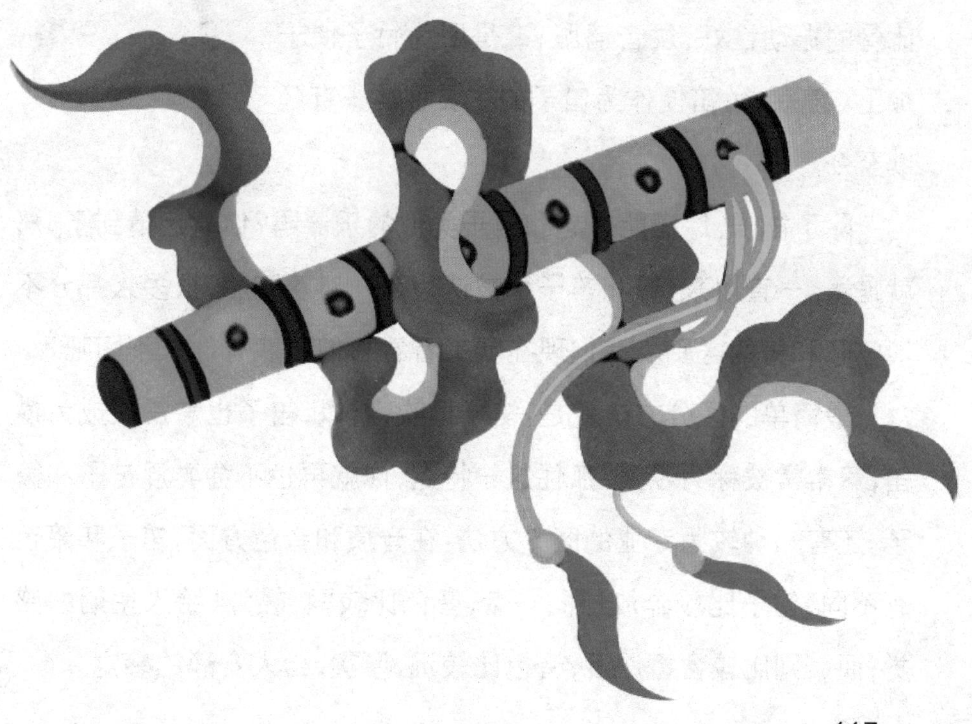

到了黄帝时期，即距今大约4000多年前，那时候的黄河流域雨水充沛，竹子在这里十分繁盛地生活着，人们就开始利用竹子来制作笛子了。

《史记》就曾经记载了以竹子为材料制作的笛子，这是制作笛子的一大进步，为什么这么说呢?一是因为竹子比骨的振动性好，发音清脆；二是因为竹子便于加工。随后，竹笛便作为笛子的主要种类一直延续至今。

除了笛子，你还能想起和笛子类似的乐器吗?你肯定猜到了，那就是箫。一直以来，箫和笛子都被认为是一对双胞胎，很多人都分不清笛子和箫的区别。我们现在就来看看它们到底有什么不同吧!

最简单的区分方法就是：笛子横吹，所以，笛子也常常被成为横笛，箫常常被称为竖箫，抓住这一特点，你就再也不会弄混笛子和箫了。还有一种较为专业的区分方法：在音质和音色方面，笛子和箫也有不同，笛子比较奔放外向一点，音色比较飘、轻浮，给人明朗的感觉；而箫则比较含蓄深沉，音色比较沉，厚实，给人安静的感觉。

旋律悠扬的葫芦丝

你知道葫芦丝吗？每当听见葫芦丝的声音，就会使人感觉置身于多彩的云南，身边围绕着一只只美丽的孔雀，特别美。

葫芦丝，是一种流行在我国云南等少数民族地区的民族乐器，那里的傣、彝、阿昌、德昂等多个民族都将它作为本民族的乐器。葫芦丝发源地位于德宏傣族景颇族自治州梁河县，在傣、阿昌和布朗等少数民族聚居的云南德宏、临沧等地区相当流行，每当这种乐器响起，大家的思绪都会自然地飞向那片多彩的土地。

如今，音色独特而优美的葫芦丝不仅仅征服了国内的亿万观众，它们悠扬的声音也传播到了世界的各个角落，深受各国人民的喜爱。很多人都陶醉在这美妙的葫芦丝乐声里，喜欢上了这种乐器，并且学习葫芦丝的演奏。

葫芦丝，在傣族语言中叫“筚郎叨”，它的形状像极了一个可爱的葫芦，不过比起闷声的葫芦，葫芦丝的乐声要美妙许多。它的声音来自葫芦丝的独特构造：一个完整的葫芦、三根简单的竹管和三个金属簧片组装起来就是一个葫芦丝。虽然它看似简单，但是“麻雀虽小，五脏俱全”呢！它的结构是整个葫芦做音箱，葫芦嘴做吹口，常见者以各自装有一片舌簧的 3 根或者多根长短不一的竹管，并排插入葫芦底部。

不管副管有多少，下端都用塞子堵住，仅仅用主管发音，副管不发音，只起到和声的效果，吹奏起来有一种朦胧、优雅的美感。

在葫芦丝的发源地德宏傣族地区千百年来还流传着一个凄美的爱情故事：

相传在遥远的年代，大盈江畔住着一个名叫朗慕的姑娘，她是一户有钱人家的小姐。江边有个划渡筏为生的穷苦小伙子叫二保。有一天，朗慕乘坐二保的渡筏过江去赶集，两个年轻人一见钟情，短暂的相见后他们约定今后还要相见。

一天，正在江中划船的二保看见水中漂浮着一个葫芦，他将那个葫芦捞起来，打开一看，里面竟然有一封朗慕小姐的来信：由于父亲的家教十分严厉，不能逃出家门与你相见，对歌谈情，你要是心中有我，就在葫芦下面插上竹管，等到夜深人静的时候来到我家围墙外面，吹起我们用葫芦和苦竹合制的筚朗叨，畅述衷肠。

从此以后，二保每到日落西山之后，就到朗慕小姐家的围墙外面吹奏自己制作的葫芦丝，但是朗慕的家人不让二保在那里停留。

朗慕被困在深宅大院之中，与心上人不能相见，也听不到恋人的乐声，肝肠寸断，不久便含恨而亡。朗慕小姐死去的消息传到了二保的耳中，让他悲痛万分。怀念爱人心切的二保从此便每天晚上走村串寨，吹奏着心爱的葫芦丝，向乡亲们讲述着他们凄美的爱情故事。

关于葫芦丝，傣族民间还有一个传说：很久很久以前，一处傣家山寨住着一对恋人。突然有一天山洪暴发，在这危急的关头，这位傣家小伙子急中生智抓起一个巨大的葫芦当做“救生圈”躲过了山洪的冲击，不仅如此，他还勇敢地营救出了他的心上人。他们两个感天动地的爱情故事传到了佛祖那里。佛祖把一个竹管插到金葫芦里，送给了这个痴情的小伙子。他拿起金葫芦，一下子就吹奏出了优美的乐曲。说也奇怪，刚才还是波涛汹涌的山洪马上收敛了威风，风平浪静下来。鲜花竞相开放，孔雀打开了五彩的尾巴，它们都来祝福这对恋人幸福长久。

从此以后，葫芦丝就成为了傣家人代代相传的乐器，成为青年恋人们谈情说爱不可缺少的表达爱意的工具。在傣家，如果哪个小伙子吹不好葫芦丝是没有哪个姑娘愿意结识他的。所以，男青年不光是要成为种田的勤劳能手，还必须善于吹奏葫芦丝。而且，傣族的姑娘们还是鉴定葫芦丝演奏的行家高手，她们能从不同的曲调中间找到自己心上人吹奏的乐声。

现在，葫芦丝除了作为情侣间表达爱意的工具外，在田间劳作的间隙、节庆团圆的时候，人们都会吹奏起葫芦丝，那悠扬的音乐给人们的生活平添了许多的幸福和快乐。

香水从何而来

香水应该是这个世界上最好闻的味道，在许多正式场合，很多爱美的女士都喜欢喷洒上一点香水，那高雅的味道让整个人都散发出无穷的魅力。那么，你知道香水是从何而来的吗？

据说，香水最早是由埃及人最先使用的，但是它们并不是作为日常的生活用品，而是作为祭祀酒神的祭品。当时，香水被人们熟知的作用有两个：熏香和药用。芳香油既可用于皮肤的化妆，又可用于治疗。后来随着时间的发展，香水也可以在节日中使用了，埃及妇女用加有香味的雪花膏和油作为化妆品使用。这之后香水便开始在希腊、罗马等地方广泛使用了。

而香水真正的声名远播是在17世纪的法国。随着一种带有香味的手套在法国上流社会的流行，国王路易十四及上流社会的社交名媛对香水的偏爱，使得法国香水工业得到迅速发展，奠定了今天法国在香水王国里至高无上的地位。路易十四王朝也被誉为“芳香王朝”。

不同的香水有不同的味道，说到香水，就不可避免地会谈到它

的原料。一般来说，如今的香水原料分为植物性原料和动物性原料。

动物性原料一般都是提取动物体内的部分分泌物，再稀释制成。如麝香是从雄性喜马拉雅麝鹿身上提取的颗粒状晶体，囊体约有胡桃大小，提取过程无需杀害麝鹿；再如海狸香，是从海狸的液囊里面提取的一种红棕色的奶油状分泌物。这些动物性原料由于需要

杀害动物，在动物保护主义者的抵制下，这些原料现有的产量实在是少得可怜，所以在现代香水工业中起不了太多的作用。

很显然，在现代香水工业中，起着重大作用的是植物性原料。那么有哪些植物是适合做香料的呢？

首先说一下我们熟悉的玫瑰。玫瑰属于蔷薇科蔷薇属的一种落叶灌木，它的枝干多刺，其花香且色彩多样。由其鲜嫩花朵提炼玫瑰芳香油，其主要成分为左旋香芳醇，含量高达千分之六。这种天然香料，不但可以供香水工业使用，同时也是一种食用香料。

事实上，能够成为香水原料的玫瑰种类有很多，最早大面积使用是一种叫做洋蔷薇的玫瑰花品种，它还有一个别致的名字：画师玫瑰，它也是在法国鼎鼎大名的五月玫瑰，同时也是法国香水的专用玫瑰。玫瑰花的香味目前可以细分到 17 种不同的香型，而且它们的花香总含有一种温馨、高雅的香气，一滴香水就能芳香四溢，因此，富含玫瑰花精华的玫瑰花精油也被认为是花油之冠。

除了香飘世界的高雅王者玫瑰之外，作为香水的植物原料还有很多，如茉莉、依兰、熏衣草、迷迭香、柠檬、百合、丁香罗勒、桂花、香叶天竺葵、广藿香、岩兰草等等。

不管怎样，在香水的制作过程中，这些香型植物发挥了不可替代的重要作用。

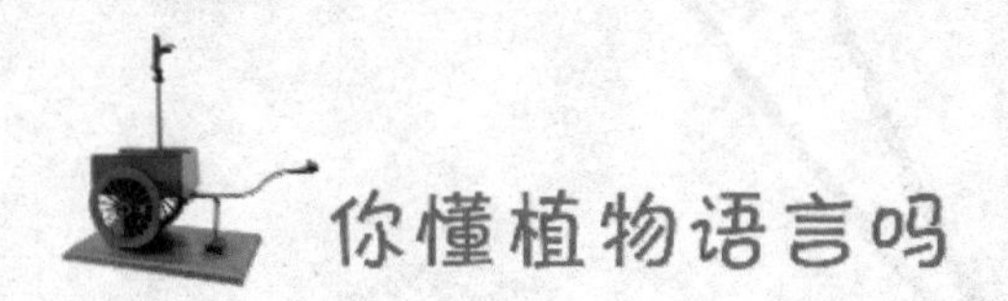

你懂植物语言吗

关键词：花的语言象征、康乃馨、竹子、兰花、梅花、橄榄枝

导　读：植物不会说话，但是人们却赋予植物的花朵各种各样的语言，它代表着人们想表达愿望与祝福，也象征着人们从植物身上学习更多有益人类的精神品质。

你知道母亲节应该送妈妈什么花吗？你知道什么花儿代表祝福、关爱吗？你知道什么花儿代表坚强、勇敢和积极向上的精神意志吗？你知道什么花儿象征和平、美好吗？

这些虽是生活中的小细节，却是人文大情怀。一种花儿就是一种语言，或吉祥，或祝福，或关爱。花儿能代表你的心意飞到你关心的人那里，带去一片温暖与关爱。这也是人间最美好、最纯真的爱了。

因此了解一种植物代表的是什么“语言”，其实是借花儿表达人的心愿。而在这个过程，这些花儿成为人与人之间的桥梁和纽带！花儿的价值也就与人产生了关联。

送给妈妈的花——康乃馨

一提到康乃馨，你一定会联想到每当母亲节的时候大家送给母亲表达感恩之情的粉红色花朵。其实之前的康乃馨可不单单代表对于母爱的感恩，它还是热情、魅力、真情、温馨的祝福、思念等等美好情感的代表。

但是，自 1907 年起，粉红色康乃馨开始作为母亲节的象征被世界范围内的人们所接受，大家在母亲节都送康乃馨花给自己的母亲。其实，这里面还有一段感人至深的故事呢。

1906 年 5 月 9 日，这是一个让美国费城的安娜·贾维斯永远无法忘怀的日子。在这一天，她最挚爱的母亲溘然长逝，告别了热爱她的家人们。母亲的去世让她悲痛欲绝，对于母亲的思念之情一直萦绕在她的心头。

在第二年，即她母亲去世一周年的时候，为了表达对母亲的哀思，安娜组织了母亲的追思会，在这里她让大家都在胸口佩戴上一支白色的康乃馨，借以寄托对母亲的思念之情。并且，她还发出倡议，让每年五月份的第二个星期天成为母亲节。她将自己的倡议装

进信封邮寄给了许许多多的公众人物、明星、名人，让他们接受这项伟大的建议。

终于皇天不负苦心人，在她的积极促成下，1908 年5月，在她的家乡费城，世界上第一次“母亲节”庆祝活动正式举行。

此后，这项庆祝节目的影响力日渐扩大，美国著名的大作家马克·吐温还给她写来亲笔信，对她的这项伟大的倡议表示了赞许，并且，他本人也带上了白色的康乃馨来表达对母亲逝世的悼念。在安娜多年来的不懈努力下，母亲节的倡议终于在 1914 年 5 月通过了美国国会的正式表决，成为了全美国的母亲节，大家在这一天以各种方式表达对所有母亲的敬意和感恩之情。

1914 年 5 月 14 日，在美国成功举行了全国规摸的第一个母亲节。1934 年的 5 月，一套纪念母亲节的精美邮票在美国正式发行，邮票上一位母亲慈祥地端坐在那里，她的眼前是一束娇艳欲滴的康乃馨。

此后，随着母亲节的影响力在不同国家的传播，康乃馨和母亲便在很多人的心目中紧密联系在一起。康乃馨成为了象征母爱的花朵，人们将对母亲的伟大母爱的感恩、思念、尊敬等情感赋予了康乃馨的花朵上，由此，康乃馨也成为了子女向母亲表达自己爱意不可或缺的一种礼物。

气节的象征——竹子

竹子,单子叶植物纲禾本科的一种生长速度较快、个子高大的禾草类植物。全世界共有 70 个属 1200 种,主要生长在热带、亚热带和温带地区。中国是世界上产竹最多的国家之一,共有 22 个属、200 多种,遍布全国各地,其中珠江流域和长江流域为最多。

在中国传统文化中,竹子与梅、兰、菊一起被并称为花中的“四君子”,竹子挺拔、苍翠、气节高雅、四季常青的独特个性,千百年来为国人所推崇。它也成为了谦虚、有气节、淡泊名利、刚正不阿等传统美德的代表植物。

不仅如此,在中国浩如烟海的传统诗词文化中,竹子也是被无数遍吟诵的对象。在中国最早的诗歌典籍《诗经》中就已经有了专门歌颂竹子高贵品格的诗篇,它通过对竹子生长的描述来借喻一位英雄人物的伟大品格。

此后, 历朝历代的文人雅士颂扬竹子的诗篇更是汗牛充栋,不胜枚举。

南齐著名诗人谢眺《咏竹》诗:“窗前一丛竹,清翠独言奇。南

条交北叶，新笋杂故枝。”此诗歌颂了竹子甘于寂寞、气节高雅的品格。宋朝著名的大文豪苏轼的《霜筠亭》：“解箨新篁不自持，婵娟已有岁寒姿。要看凛凛霜前意，须待秋风粉落时。”表达了对竹子抗霜傲雪的风骨。清代的大诗人郑燮那首著名的《竹石》诗：“咬定青山不放松，立根原在破岩中。千磨万击还坚劲，任尔东西南北风。”更是写尽了竹子的坚韧品质。

在晋朝，有七位著名的文学家：嵇康、阮籍、山涛、向秀、刘伶、王戎及阮咸，他们隐居在茂密的竹林中，他们用竹子的风骨来映射自己高洁的品格，他们在竹林中创作了许多文学作品，人与竹在文字中得到了升华，成为千古文坛佳话，他们这七位高洁之士也被后世誉为“竹林七贤”。

著名戏剧表演大师梅兰芳先生，在日本占领上海期间，他蓄起胡须拒绝给日本人唱戏，以此来表达自己的气节。在他家的墙上挂着一幅明志的竹子图，上面题写了两句表达他坚定意志的诗句：“傲骨迎风舞，虚怀抱竹坚。”简短的两句诗，却表达出梅兰芳先生坚贞不屈、高洁刚正的高贵品格。

竹者重节，节者为信！在我国传统文化的概念中，竹子代表了重节、重信，还代表了高雅、坚贞、虚心、气节的象征意义。千百年来，“不可一日无此君”的竹子已成了无数文人墨客的精神寄托。

花中君子——兰花

它有清新悠远的花香，它有刚柔相济的枝叶，它有庄重素雅的风韵，它超凡脱俗的品格，为千百年来的文人骚客吟诵不息。这就是有“花中君子”之美称的兰花。

兰花属于被子植物门单子叶植物纲天门冬目兰科的一种珍贵的多年生草本植物。兰花的根部肉质肥大粗壮，但是，没有根毛，它有共生菌，帮助其吸收土壤中的养分。其花通常单生或成总状花序，花梗上着生多数苞片。其花也具有较好的芳香之味。

中国可以说是兰花的故乡，世界上大部分地生兰品种的原产地都在我国，兰花也因此得名为“中国兰”，并被推举为中国十大名花的榜首。

兰花的种类繁多，主要有建兰、寒兰、墨兰、蕙兰、春兰、春剑、莲瓣兰等七大种类。

兰花原本生在人迹罕至的高山幽谷之中，与清风溪水为伴，甘于寂寞，不因所处江湖之远而落寞，独自绽放吐蕊，散发幽香，这种超凡脱俗、淡雅高洁的品质，受到人们的推崇，有“花中君子”的赞

誉。它淡雅清新的花香,又被颂为“国香”、“天下第一香”。

在我国传统文化的审美中,兰花有着独特的价值。兰花的特质也被总结为“四清”:气清、色清、神清、韵清。兰花,自古以来,就以其简单朴素的形态、高雅俊秀的风姿、娴静文雅的气质、刚柔兼备的秉性和“在幽林亦自香”的美德而赢得了人们的赞美。

中国的兰花栽培历史悠久，早在两千多年前的春秋战国时期,中国文化的先师孔子就曾经对兰花发出如是赞美:“芷兰生于深林,不以无人不芳;君子修道立德,不为穷困而改节”这也被视为数千年中国兰文化发轫的源头。

兰花是我国古代文化中的一朵奇葩，它的形象入画、入诗、入文,被赋予多样的精神内涵。在赵孟坚、郑思肖、郑板桥等古代著名画家的笔下,兰花幽雅的气质、高洁的神韵,让人心驰神往,性情得到涤荡,情操得以净化,成为千古流芳的佳作。在诗人词人的笔下,爱兰、咏兰的隽永篇章汗牛充栋,兰文化的基因已经融入到了中国传统文化的根脉之中,成为高洁、自省、淡雅的谦谦君子的性格象征。

在我国古代,人们会把妙笔生化的诗文佳句称为“兰章”,纯洁坚贞的友谊称之为“兰交”,真心诚意的良友被喻为“兰客”。由此可见,兰花在中国传统文化中的崇高地位。

坚韧的强者——梅花

梅花即梅树的花朵，梅树属蔷薇科梅亚科李属的一种落叶乔木。梅树优点很多，适应性很强，它耐旱、耐寒，又耐阴。日本作家铃木昶在《香草美人》一书中写道：

梅树的生命力非常顽强。越是砍伐它，它就越是不断地钻出嫩芽、抽出枝条。所以，胜海舟曾作诗歌颂这在寒风中开放的花朵："梅花啊，你坚强的枝条，宁折不弯！"

这就是梅树的性格。然而它的长相也让人刮目相看，这种树的寿命很长，最长寿者可活到 1000 年。但其属于浅根性植物，喜欢松软的土壤，以便于它充分吸收地下的水分和营养物质。

梅花原产于我国云南西北部、四川西南部以及西藏东部地区，后逐渐遍布我国各地，成为我国最知名的观赏植物之一。最先引种梅树的国家是朝鲜，此后，从中国流布出去的梅树，是在日本奈良时代，我国的僧人由吴地带入日本，并在日本有广泛的栽培，随后又传入澳大利亚、新西兰、欧美等地区。

梅树的花——梅花，自古以来就是著名观赏花系，按其花色花

型可分为宫粉梅、红梅、照水梅、绿萼梅、大红梅、玉蝶梅、洒金梅等。它在我国的传统文化、风俗民情中留下了浓墨重彩的一笔。文人雅士吟诗作赋对其赞赏有佳，留下有关赞美梅花的诗、画不下万种。其中最著名的当属大诗人陆游对于它的赞咏，他在《卜算子·咏梅》中写道："驿外断桥边，寂寞开无主。已是黄昏独自愁，更著风和雨。无意苦争春，一任群芳妒。零落成泥辗作尘，只有香如故。"

梅花成为坚韧、强者的象征，同时，在傲雪寒风中生长的梅花，也有一股冰清玉洁、高雅纯贞的寓意。

在文人的推波助澜下，梅花被赋予了更多的使命——具四德，即初生花蕊为"元"，开花为"亨"，结子为"利"，果实成熟为"贞"，故名"元亨利贞"；具高风亮节，诚如元代诗人杨维桢诗中所言："万花敢向雪中出，一树独先天下春。"

在长达 6000 年的种植史上，梅花与中国人民结下了深厚的友谊。梅花色彩独具一格，香味清香迷人，在冬末早春之际，率先与冰雪争艳，堪谓铁骨铮铮，不失血性，即使"零落成泥辗作尘"，还依然"香如故"。

它在精神文化上鼓励着人们自强不息、奋斗不止，并以坚韧不拔的精神，越过严冬迎接春的到来。因此，古人也把梅花列为"岁寒三友"之一，"花中四君子"之首。

和平的象征——橄榄枝

橄榄枝即油橄榄的树枝，油橄榄属木犀科木犀榄属的一种常绿乔木，它们主要生活在地中海沿岸的国家，其中希腊、意大利、突尼斯、西班牙为其集中产地。同时，油橄榄也是希腊的国树，这与希腊人民心目中希望女神雅典娜有着密不可分的联系。从橄榄树上，人们就能了解到希腊人民追求和平的历史。

后来，橄榄枝逐渐演化为和平的象征，也是雅典奥运会历来的特色之一。一看到那墨绿色的橄榄枝，就会提醒我们大家都要珍惜这来之不易的和平生活。

为什么橄榄枝会象征和平呢?这还要从《圣经》中一个关于橄榄枝的动人故事说起：

远古的时候，上帝发现人类世界一团乌烟瘴气、道德混乱、无可救药，已经丧失耐心的上帝决定要将人类世界毁灭。在他将要用山洪将人类社会淹没的时候，上帝还想为未来的世界留下一些善良的生物。于是，他就派使者到人间详细查访，以确定谁能够成为最后的生存者。

使者在人间发现了一对叫诺亚的夫妇，他们善良淳朴，于是上帝就将决定其他生物生存权利的重任交给了诺亚夫妇——诺亚夫妇要准备好一只方形的巨大木船，上面储备好粮食和饮用水，并且将世界上的每一种动物挑选一对作为火种保留在船上。

紧接着，上帝让铺天盖地的洪水淹没了整个世界。那时候的地球上，一片汪洋，所有的生物都没能逃过这场劫难。只有诺亚夫妇安全地逃离了危险。

过了很久以后，洪水渐渐地退去，大陆又重新露出了水平面。诺亚夫妇欣喜万分，他们将一对鸽子放飞出去，让它们重新回归蓝天的怀抱。过了不久，这对鸽子又飞了回来，它们的嘴里还衔来一支绿色的橄榄枝。这一支绿意传递了一个信息，被洪水淹没的大地已经恢复了往日的勃勃生机，人类的世界又一次和平了。

从此以后，橄榄枝就成为了“和平”的象征，鸽子也被大家当做了“和平的使者”。

而今，在和平年代国家间的交流中，我们总是能看到人们手中摇动的橄榄枝,还有放飞的白色和平鸽的画面。

橄榄枝作为和平的象征还成为了联合国徽章上的一个组成图案,两支橄榄枝环绕着地球,也象征着全世界人民对于和平安定的共同美好期许。